普通高等教育人工智能与大数据系列教材

# Python 与语言研究

李文平　编著

机械工业出版社

本书是一本为人文社会科学方向的老师和学生量身打造的Python入门书。大数据时代人文社会科学的研究者应该充分利用数据资源，分析数据背后隐藏的一般规律和特征。

本书以解决语言研究中常见的问题为主线，涉及中、英、日三种语言。以具体的问题为导向，讲解快速、高效处理这些问题的方法，对每种方法都配有全部代码及其详细说明。将这些代码与第10章的批处理方法相结合，可以大大提高工作效率及准确性。本书每章都配有习题，便于加深理解和应用拓展。

本书适合作为自学Python的参考书，亦可作为语料库语言学、计量语言学、计量风格学等课程的教材。

## 图书在版编目（CIP）数据

Python 与语言研究 / 李文平编著 . —北京：机械工业出版社，2020.11
（2022.7 重印）

普通高等教育人工智能与大数据系列教材

ISBN 978-7-111-67237-1

Ⅰ . ① P… Ⅱ . ①李… Ⅲ . ①软件工具 – 程序设计 – 高等学校 – 教材 Ⅳ . ① TP311.561

中国版本图书馆 CIP 数据核字（2021）第 002324 号

机械工业出版社（北京市百万庄大街 22 号　邮政编码 100037）

策划编辑：路乙达　　　　　责任编辑：路乙达　侯　颖
责任校对：张　力　李　杉　封面设计：张　静
责任印制：常天培

北京雁林吉兆印刷有限公司印刷

2022 年 7 月第 1 版第 3 次印刷

184mm×260mm · 10.25 印张·243 千字

标准书号：ISBN 978-7-111-67237-1

定价：39.00 元

电话服务　　　　　　　　　网络服务

客服电话：010-88361066　机 工 官 网：www.cmpbook.com
　　　　　010-88379833　机 工 官 博：weibo.com/cmp1952
　　　　　010-68326294　金 书 网：www.golden-book.com
**封底无防伪标均为盗版**　机工教育服务网：www.cmpedu.com

# Preface 前 言

在语言研究领域中，计算机的重要性日益突显。随着大型语料库的完善与网络的发展，以前要依赖直觉判断的事情，现在也可以根据数据进行统计调查。

人们常会用计算机做一些单调、重复的，如复制/粘贴等机械化工作，可以说计算机就是为了代替人类进行这种机械化作业而发明的。虽然可以事先设计好软件，使用时只需从菜单中选择相应的功能，便能使计算机进行机械化作业。然而软件开发者只能根据大多数使用者的需求设置软件的功能，所以使用现有的软件未必能很好地进行自动化作业。这时，就需要用到"创造新功能"的编程。

现在市面上有很多优秀的编程入门书，但大都是针对理工科读者的，这些书以介绍如何构建网络等为特定目的，内容基本上与语言研究者的背景知识和关注点不相符，很难找到一本令语言研究者满意的参考书。

本书旨在向语言学研究者介绍如何在语言研究中进行数据处理。为了能让不习惯使用计算机操作的文科学生与研究人员也顺利进行实践，本书做到了内容形象、讲解详细，从简单的内容出发，一步步介绍复杂程序的编写。书中列举了许多文本处理的实例，并讲解了各功能是如何发挥作用的。本书没有对所有功能都进行介绍，而是省略了一般入门书中包含的一些与本书目的无直接关系的内容。更为重要的是，本书不是让读者将这些功能死记硬背，而是使其掌握使用计算机进行作业流程的思维方式。如果能够边学习本书内容边实际动手操作，学习效果更好。希望读者能够通过本书感受到编写程序处理数据的威力，并应用到自己的研究中。

本书的撰写需要特别感谢大连海事大学语料库研究团队的各位老师和研究生。另外，对审阅了本书并给予了诸多有益意见的梁月明、程昕、李婉璐深表谢意。

李文平

*Contents* 目　　录

# 第 2 篇　Python 的基础知识

# 第3篇　Python 应用：以汉语文本为中心

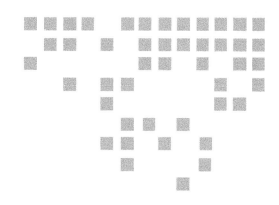

第 1 篇

# 准备工作与文本

在使用 Python 处理文本之前，首先要了解语言研究与编程的关系。然后，在此基础之上，进一步认识 Python 的操作对象——文本文件。

第 1 篇包含 3 章。第 1 章主要介绍在大数据时代下，数据对于语言研究的意义，以及使用程序处理大规模数据的必要性。第 2 章介绍作为处理对象的文本文件是什么，以及文本编辑器（简称编辑器）的使用方法。第 3 章介绍文本检索中的强大工具——正则表达式，并列举检索实例。

# 语言研究与编程

使用程序进行语言研究不仅要了解计算机的操作，还要体会语言研究中编写程序的逻辑，最重要的是要学会根据不同的研究目的选择最适合的编程方法。

本章将介绍在具体编写程序之前应该知道的基本事项。例如，语言研究中数据的定位、编程的必要性，以及基于编程处理数据的问题和注意事项。

## 1.1 学习编程的理由

学习编程的理由可概括为两点：第一，为了方便处理大规模数据；第二，可以根据自己的特殊目的设置不同的功能。下面介绍这两点的意义及背景。

### 1.1.1 大数据语言研究

近年来，通过运用语料库进行研究，实现了以前仅凭直觉判断无法做到的语言事实分析。例如，近义词的分析。以前的近义词研究都是根据研究者的语言经历进行判断并举出例子，再将例子推广，进一步一般化。但是，这种方法只能在人可以判断的有限范围内进行分析，在方法论上容易陷入主观。另一方面，使用语料库可以直接观察到关键词前后是何种单词和表现，各出现几次等，这样可以站在客观的立场上记录近义词的差异。

下面举一个具体例子。使用北京大学中国语言学研究中心公开的现代汉语语料库（http://ccl.pku.edu.cn:8080/ccl_corpus/index.jsp?dir=xiandai），检索近义词"主要"和"重要"修饰的名词，得到表 1.1 所示的结果。

表 1.1 "主要"和"重要"修饰的前 20 位名词

| 顺序 | "主要"修饰的名词 | 频度 | "重要"修饰的名词 | 频度 |
|---|---|---|---|---|
| 1 | 原因 | 6130 | 作用 | 5463 |
| 2 | 内容 | 4860 | 意义 | 3640 |
| 3 | 任务 | 3105 | 组成部分 | 3541 |
| 4 | 领导 | 3037 | 讲话 | 3366 |
| 5 | 问题 | 1615 | 内容 | 3358 |

（续）

| 顺序 | "主要"修饰的名词 | 频度 | "重要"修饰的名词 | 频度 |
|---|---|---|---|---|
| 6 | 目的 | 1582 | 原因 | 2959 |
| 7 | 报纸 | 1383 | 思想 | 1848 |
| 8 | 负责人 | 1199 | 贡献 | 1794 |
| 9 | 城市 | 992 | 因素 | 1747 |
| 10 | 目标 | 976 | 任务 | 1472 |
| 11 | 因素 | 936 | 问题 | 1312 |
| 12 | 经济 | 843 | 地位 | 1199 |
| 13 | 议题 | 708 | 措施 | 1188 |
| 14 | 特点 | 701 | 方面 | 1101 |
| 15 | 股市 | 688 | 标志 | 1029 |
| 16 | 精力 | 645 | 指示 | 1004 |
| 17 | 产品 | 624 | 途径 | 970 |
| 18 | 来源 | 601 | 举措 | 884 |
| 19 | 股指 | 556 | 力量 | 870 |
| 20 | 成员 | 550 | 手段 | 831 |

由表 1.1 可知，"主要"修饰的高频名词是"原因""内容""任务""领导""问题""目的"等，这表明"主要"倾向于分析问题时使用。而"重要"修饰的高频名词是"作用""意义""组成部分""讲话"等，这表明"重要"倾向于评论问题时使用。类似这样的特征分析仅靠人的判断很难把握，只有通过大规模的数据统计才能显示出来。

大规模数据处理必须使用计算机进行信息统计和总结。此时，是否了解编程对其工作效率也会有很大影响。以统计"主要"和"重要"修饰的名词为例，依赖一般的字符串检索功能只能逐个手工选出名词，进行大规模数据分析时非常耗费时间。但是，对其进行词性标注等处理后，再按照本书第 16 章介绍的方法，就能实现自动收集数据的功能。

## 1.1.2　新增功能

即使不是很大规模的数据，编写程序也是很有用的。例如，当要整理收集到的数据时，可以使用文本编辑器和 Excel 等工具相结合完成一些操作，但是不能完成想要的特殊操作。因为文本编辑器和 Excel 等软件都只具备提前设置好的通用功能。这时，编写程序就能实现新增功能。

假设有 A 与 B 两人的对话数据，如图 1.1 所示。

现在假设基于研究目的，需要将 B 的说话内容全部删除，只留下 A 的说话内容。处理后的对话数据如图 1.2 所示。

如果数据规模较大，使用手动删除会非常耗费时间。如果能编写出以下所示的程序的话，即使是几亿词规模的数据，也能在数秒内处理完成。

```
A：周末有什么安排吗？
B：嗯……暂时没有
A：一起出去逛逛啊？
B：去哪儿啊？
A：在中山广场附近逛逛，然后一起吃个饭，怎么样？
B：好啊。几点？在哪见？
A：上午 10 点。我去你家接你吧。
B：好。
```

图 1.1　A 与 B 两人的对话数据

```
A：周末有什么安排吗？
A：一起出去逛逛啊？
A：在中山广场附近逛逛，然后一起吃个饭，怎么样？
A：上午 10 点。我去你家接你吧。
```

图 1.2　处理后的对话数据

```
1    for □ line □ in □ open('data.txt', □ encoding □ = □ 'utf-8'):
2    □□ line □ = □ line.rstrip()
3
4    □□ if □ line.startswith('A:'):
5    □□□□ A_is_talking □ = □ True
6    □□ elif □ line.startswith('B:'):
7    □□□□ A_is_talking □ = □ False
8
9    □□ if □ A_is_talking:
10   □□□□ print(line)
```

　　刚开始编写程序可能会花费一些时间，甚至还会觉得手动操作更快捷。但是，如果手动操作需要花费 3h，一旦发现原数据有错误或者需要追加新数据时该怎么办呢？花费 3h 的手动操作再进行一次可能还要花费 3h，这时，若采用编写程序的方法，下一次同样的工作只需要几秒就可以完成。编写程序最初的门槛可能稍微有点高，但是随着每一次的学习使用计算机能够完成的工作在不断的增加。

　　**注**：上述一类操作的自动化也可以使用本书第 3 章介绍的正则表达式或者 Excel 等软件的宏程序来完成。但是，就应用范围来说没有方法能够超过编写程序。

## 1.1.3　注意事项

　　过度依赖编程也是不可取的。例如，操作的自动化可能导致不用双眼确认数据，这样很容易忽略数据中的错误，或者错失发现新结果的机会。完全不亲眼看数据这种做法是不可取的。另外，程序会伴随着错误（bug）。检验程序是否能够正确运行就必须通过观察数据来确认。

　　是否所有的数据都需要检查要根据研究目的来决定。数据规模较大且用于统计检验时，可以不确认所有数据。但此时还是最好随机抽出一部分数据进行检查，确认不包含对结果影响较大的错误。

　　使用程序抽出了数据，在对其进行确认时，能很容易地注意到混入的错误结果，却很难发现结果中遗漏的数据，这一点需要特别注意。

## 1.2　编程难点

对还不熟悉计算机操作的研究者来说，掌握编程的方法并非一件容易的事情。大致可以总结为以下三个原因。第一，程序的逻辑结构与函数的学习过程较难。编程语言有其独特的语法体系，学习这个语法体系需要付出一定的时间和精力。第二，平时用惯 Word 等办公软件的研究者，很难习惯文本文件和文本编辑器。文本文件是只包含文字信息的文件，它无法标记文字颜色和各样字体，也无法插入图表。第三，程序伴随着错误。程序出错后需要逐条确认程序的源代码和源数据，这就需要相当的耐心。

## 1.3　本书构成

### 1.3.1　内容构成

本书分为 3 篇。第 1 篇说明何为文本文件及文本文件的特征。除此之外，还介绍了文本文件处理中的必要工具——文本编辑器的使用方法、字符编码的问题，以及如何利用正则表达式进行检索。第 2 篇介绍 Python 的安装方法与基本的操作方法，以及条件语句、循环、列表等主要的文件处理实例。处理汉语文本时字符编码的处理较为复杂，所以该部分主要以英语文本为中心进行讲解。第 3 篇在第 2 篇内容的基础上，介绍汉语和日语的分词以及编写检索文本的程序。

**注**：本书的操作系统环境设定为 Windows 10，其他版本的 Windows 操作系统的操作方法与之基本无异。

### 1.3.2　样本文件和相关软件

本书通过具体的文本数据实例，让读者能够边学习边进行实际操作，并为此特地准备了样本文件和相关软件。在下载这些文件之前，请在 D 盘下面新建一个名为 Python 的文件夹。然后，访问下面的网址下载样本文件和相关软件。接下来，将下载后的样本文件 Python-ex 和相关软件 Softwares 文件夹，复制到刚才新建的 Python 文件夹下。Python-ex 是后面很多操作需要访问的文件夹，请确认 Python-ex 文件夹的位置为 D:\Python\Python-ex。

https://pan.baidu.com/s/1G25d3hAX9c1VKk4X8YfGUA

## 1.4　本章小结

本章是对编程之前须知的注意事项的说明。首先，介绍了学习编程对于语言研究的意义以及处理大规模数据的必要性。然后，以实例说明了编写程序可以大幅提高工作效率。最后，介绍了本书的整体结构，以及样本文件和相关软件的下载方法。

## 习题

1. 请访问现代汉语语料库下载一组近义词的所有匹配结果，并区分这组近义词的用法。
2. 思考自己的研究：想要解决什么问题？使用什么数据？检索什么内容？

第 2 章

Chapter 2

# 文本数据

要使用 Python 进行数据处理，首先必须习惯使用文本文件。对于平时使用 Word 等办公软件的人来说，文本文件也许稍显枯燥无味，但这种枯燥却给予了我们很大的方便。

本章将对文本文件进行说明：首先介绍何为文本文件，然后讲解文本编辑器的使用方法，最后介绍字符编码和换行编码的相关知识，这些内容对于处理文本文件非常重要。

## 2.1　文本文件的优点

在计算机上输入和编辑文字的方法有很多。例如，微软公司的 Word 文字处理软件用".doc"或".docx"文件格式管理文字信息。另外，还有在计算机上进行文字信息处理的文本文件。Windows 用户有时候称之为"记事本文件"。

文本文件是仅由文字（包括换行编码等被称作"控制字符"的特殊文字）构成的极其简单的计算机文件。Windows 系统中习惯用扩展名".txt"表示文本文件。也有很多文件，即使扩展名不是".txt"，其实际也是文本文件。例如，第 4 章以后介绍的 Python 的".py"文件、记录以逗号分隔数据的".csv（Comma-Separated Values）"文件、制作网页时使用的".html（Hyper Text Markup Language）"文件、语料库标注使用的 XML（Extensible Makeup Language）等实际上都属于文本文件。

与用文字处理软件形成的文件相比，文本文件表面看起来非常普通，但却是计算机处理文字数据中最基本、最通用的形式。诸如语料库这样用途多样的数据库一般都是文本文件的格式。文本文件广受推崇的原因主要有以下 4 点：

1）适合机器处理：文本文件只包含文字信息，数据类型简单，进行数据检索、统计等操作时机器处理非常容易。

2）支持软件广泛：可以编辑文本文件的软件非常多，几乎任何操作系统都有自带软件。无论是 Windows 系统中的"记事本"，还是 Mac 系统中的"文本编辑器"，都是系统自带软件。除了"记事本"和"文本编辑器"之外，还有多种多样的处理文本文件的软件，均可从网上下载使用。

3）适用环境宽泛：文本文件不依赖特定的操作环境，具有广泛的适用性。Word 等办公软件有时会由于软件版本的兼容性问题，导致无法打开或无法正常显示等问题。例如，

Word 2003 无法打开 Word 2007 以后的 ".docx" 文件，或者用 WPS 打开 Word 时会出现格式不一致等问题。文本文件则不会出现这样的问题，并且在 Windows 操作系统下编辑的文件也可以在 Mac 和 Linux 操作系统中打开和编辑（这里暂时不讨论编码问题）。这种良好的兼容性，让我们不用担心因软件版本低而导致数据无法读取等问题。

4）便于大规模数据操作：文本文件的内容只包含文字信息，比 Word 等软件记录数据所占用的存储空间更小，进行添加 / 删除等编辑操作时速度更快。

## 2.2 文本文件的使用

下面来介绍文本文件的使用方法。Office 系列的软件也可以编辑文本文件，如微软公司 Office 软件中的 Word 和 Excel，以及 Just System 公司的 "一太郎" 等，很多软件都可以读取文本文件。

Office 系列软件一般用于出版印刷书籍或制作图表、PPT 等，不适用于处理文本数据。因为 Office 系列软件中有字体和字号等文本文件中不包含的多余信息，会导致运行速度较慢。再加上 Office 系列的软件经常会自动进行拼写检查或符号转换，若想单纯地记录文本数据也有诸多不便。

本节将介绍专门编辑文本文件的 "文本编辑器"。

### 2.2.1 文本编辑器

能够打开、编辑、保存文本文件的软件称为 "文本编辑器"。文本编辑器一般为系统自带软件。例如，Windows 系统中的 "记事本" 便是安装系统时自带的软件。

但是，很多高性能文本编辑器就需要用户自己安装。高性能文本编辑器可以完成复杂的转换操作，能够短时间内检索大量文件。另外，第 5 章介绍的内容中也要用到高性能文本编辑器。文本编辑器不仅可以保存、编辑数据，还能编写程序，所以一定要掌握其基本操作。

Windows 系统中具有代表性的高性能文本编辑器有 EmEditor、TeraPad 等。本书推荐使用 EmEditor，因为该软件不会在中文、英文或者日文系统下乱码。另外，该软件虽然是有 30 天试用期的收费软件，但试用期过后大部分基本功能，如使用正则表达式检索和替换等功能，依然能够使用。对于大多数语言研究者，试用期过后的免费版 EmEditor 依然是众多文本编辑器中功能强大的软件之一。

### 2.2.2 文本编辑器的安装

下面以 EmEditor 为例，详细讲解其安装方法及使用实例。

EmEditor 是 Emurasoft 公司创造的智慧编辑器，能够处理任何大小的文件，可在主流的 Windows 系统下运行，下载网址为 https://www.emeditor.com/。需特别注意的是，32 位系统与 64 位系统下载的文件不同，下载时请确认当前的 Windows 版本。另外，下载网站上发布的 EmEditor 一般为最新版本，版本间基本功能没有区别。下面以 64 位最新版（本书编写时的最新版）的 emed64_18.5.0.msi 为例进行安装。安装程序下载完成后双击启动图标，打开如图 2.1a 所示的安装欢迎界面。然后，单击 "下一步" 按钮，选择安装类型为 "典型"，继续单击"下一步"按钮。剩余界面没有需要更改的选项，直接单击"下一步"按钮，直至设置完成，进入如图 2.1b 所示的安装完成界面，单击"完成"按钮即可完成 EmEditor 的安装。EmEditor 的初始界面如图 2.2 所示。

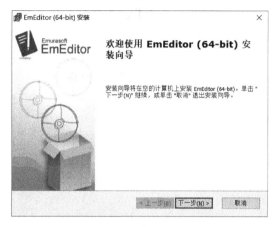

a）安装欢迎界面

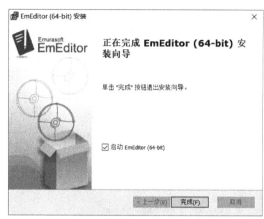

b）安装完成界面

图 2.1　EmEditor 的安装界面

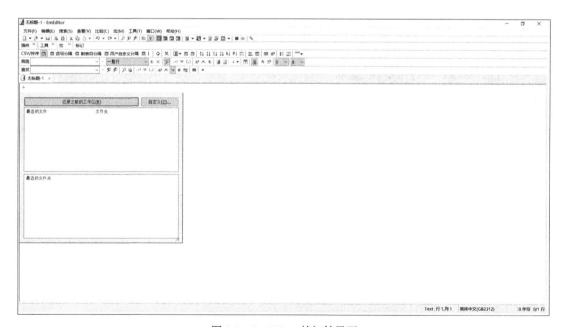

图 2.2　EmEditor 的初始界面

## 2.2.3　单文本检索

文本编辑器除了具有文字输入、编辑、保存这些基本功能之外，还有查找和替换功能。

下面以样本文件 n.txt 为例，讲解 EmEditor 的检索操作。浏览 D:\Python\Python-ex 文件夹，找出 n.txt 文件并双击将其打开。安装 EmEditor 文本编辑器后，默认将文本文件与EmEditor 编辑器关联。如果没有用 EmEditor 打开 n.txt 文件的话，右击 n.txt 文件，然后在弹出的快捷菜单中选择"属性"命令，更改打开方式后选择 EmEditor 即可。在中文 Windows 系统下，双击打开 n.txt 文件大多会显示如图 2.3 所示的乱码。这是由于中文 Windows 系统默认编码与文件编码不一致而导致的。中文 Windows 系统的默认编码为图 2.3 右下角显示的 GB2312 编码，而有的时候文件编码不一定是 GB2312。例如，日文 Windows 系统的默认编码一般为 Shift-JIS。若知道文件编码，可以依次单击 EmEditor 编辑器文件工具栏中的"文件→重新载入"命令，然后选择对应的编码即可。若不知道文件编码，可以单击"文件→重新载入→全部检测"命令（如图 2.4 所示），这样文件就可以正常显示了。EmEditor 支持大多数语言的主流编码，这也是本书推荐使用 EmEditor 的原因之一。

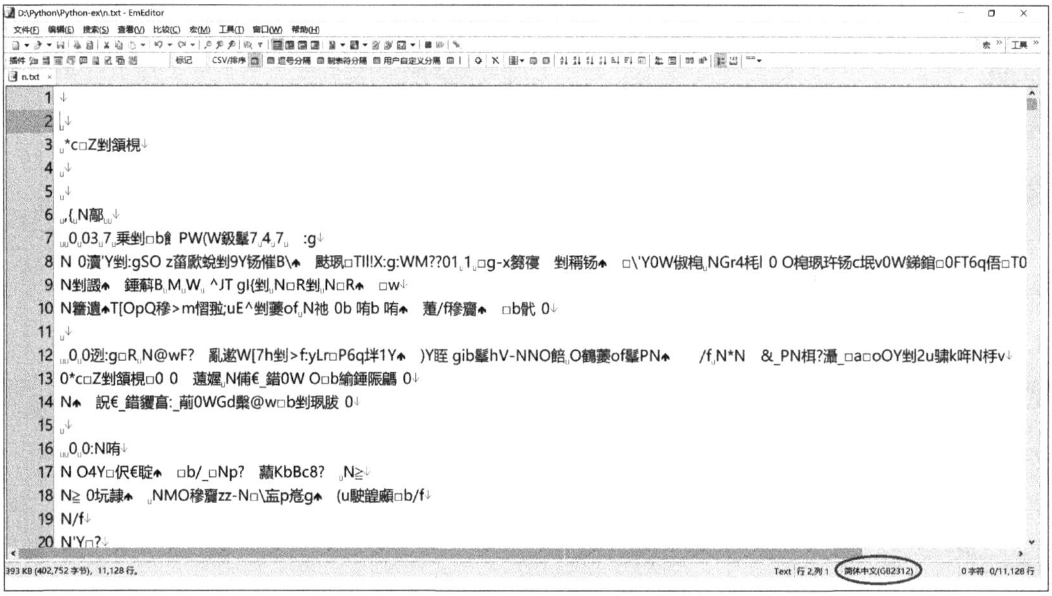

图 2.3　文件显示乱码

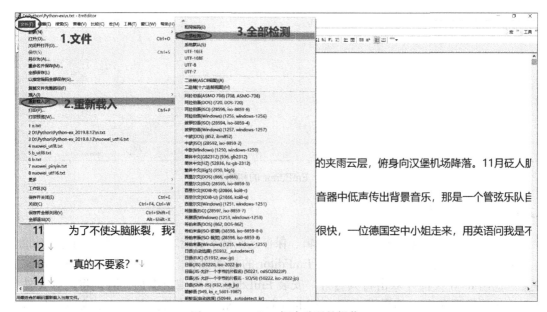

图 2.4　EmEditor 解决乱码的操作

使用 EmEditor 进行检索时，依次单击 EmEditor 编辑器文件工具栏中的"搜索→查找"命令，会弹出如图 2.5 所示的"查找"对话框。在"查找"文本框中输入"他"，然后单击"查找下一个"按钮。查找结果如图 2.6 所示高亮显示。

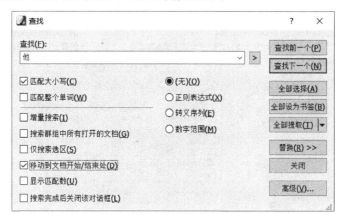

图 2.5　"查找"对话框

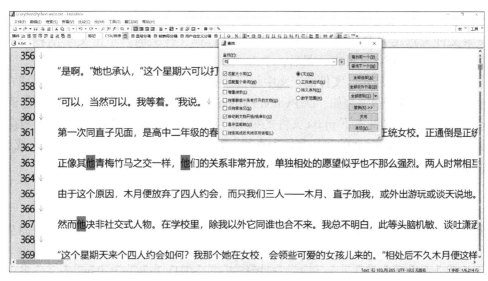

图 2.6　检索结果高亮显示

## 2.2.4　多文本检索

像上小节介绍的输入一个关键词然后在文章内进行检索，一般的文字处理软件的功能差别不大。不管是微软公司的 Word 还是 Just System 公司的"一太郎"都大同小异。

高性能文本编辑器还有另一个查找功能，即能够检索以及替换多个文件中的内容。

下面以样本文件中 ch2 文件夹下的《挪威的森林（中译本）》第一章（n_utf8.txt）和"诺贝尔奖介绍"（nj.txt）两个文件为例，讲解同时检索这两个文件的方法。

EmEditor 中的"在文件中查找"这一功能，可以实现对数个文件的检索。依次单击 EmEditor 编辑器文件工具栏中的"搜索→在文件中查找"命令，弹出如图 2.7 所示的"在文件中查找"对话框。

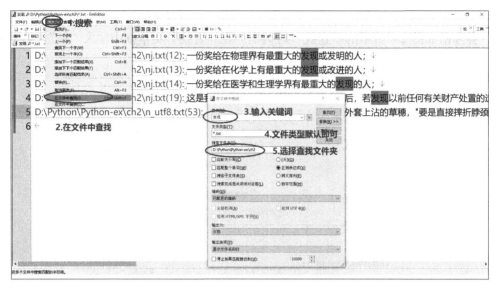

图 2.7 "在文件中查找"对话框

在"查找"文本框中输入"发现";文件类型保持默认的"*.txt",表示检索所有 .txt 文件;搜索文件夹选定为 D:\Python\Python-ex\ch2,选择文件夹时,单击文本框右边的">"浏览按钮,即可选择目标文件夹;最后,单击"查找"按钮。

查找结果如图 2.7 所示。文件的正文中每行开头带超链接的内容表示检索结果所在文件的位置、文件名以及行数。例如,D:\Python\Python-ex\ch2\nj.txt(12): 表示检索结果位于 D 盘 Python\Python-ex\ch2 文件夹下 nj.txt 文件的第 12 行。单击该内容可以直接跳转至对应文件的对应行数。利用 EmEditor 的"在文件中查找"这一功能,即使检索对象为 10 个或者 100 个,甚至更多的文件也一样可以同时完成文件的检索操作。

## 2.2.5 文本编辑器替换实例

使用文本编辑器时,文字的替换功能同查找功能一样使用率较高。使用高性能文本编辑器可实现快速替换。

下面再次使用样本文件 n.txt 讲解替换操作方法。在 D:\Python\Python-ex 文件夹中找到 n.txt 文件,双击用 EmEditor 编辑器打开,乱码问题不再赘述。单击文件工具栏中的"搜索→替换"命令,弹出如图 2.8 所示的"替换"对话框。

n.txt 文件的文章中存在《》,现在想将"《"替换为"["。首先,在"查找"文本框中输入"《",在"替换为"文本框中输入"[",如图 2.8 所示。需要注意的是,很多符号看起来很相似,但有时候是不一样的,如";"(半角分号)与";"(全角分号)。建议替换时,复制原文中想要替换的内容,而不是输入想要替换的内容。另外,在替换前建议先单击"查找下一个"按钮进行确认。

替换操作有两种实施方法:逐个替换和一次替换全部。替换部分内容时,单击"查找下一个"按钮,当前内容会高亮显示,根据需要单击"替换"按钮完成逐个替换。一次替换全部时,同样建议逐个确认无误后,单击"替换全部"按钮完成对整个文档的操作。替换时若发现有误操作的情况,可单击"编辑→撤销"命令恢复之前的状态。

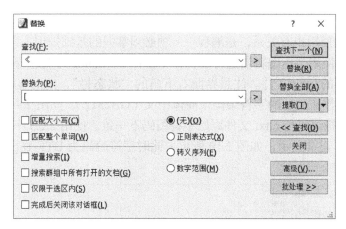

图 2.8　"替换"对话框

与 2.2.4 小节的内容类似，单击"搜索→在文件中替换"命令就能实现对多个文件的替换操作，读者可以自己试一试。

## 2.3　字符编码与换行编码

### 2.3.1　字符编码

计算机内部对各种文字符号（字符）赋予相应的代码（数值），这种代码（数值）称为字符编码。在浏览网页、查收邮件、安装软件的时候，见到过乱码现象吧？这些乱码现象可以让我们形象地了解因字符编码不同而导致的问题。例如，2.2.3 小节中图 2.3 所示的 n.txt 文件显示的乱码，就是由于文件本身编码与打开文件时使用的编码不一致所导致的现象。

计算机源自英语圈，这些语言可以由字母、数字与若干符号编码来识别和储存各种文字。但是，随着计算机的普及，为了能处理世界上多样的语言，各种组织将字符编码加以扩充。因此，根据语言的不同编码的方法也不同。另外，即使是同一种语言也存在多种不同的编码。在汉语中常用的字符编码有 GB2312、ISO-2022 等；而日语常用的有 Shift-JIS 和 EUC-JP 编码等，Shift-JIS 主要用于 Windows 系统，而 EUC-JP 是 Extended Unix Code 的缩写，属于传统的日语 UNIX 系统的字符编码，多用于自然语言的处理。

Unicode 是 Unicode Consortium 制定的一种字符编码，是一种多语言通用的字符编码，近年普及迅速，其 UTF-8 与 UTF-16 等颇受欢迎。使用 Unicode 的好处是可以在一个文档内同时处理多种语言。本书建议在构建语料库、收集语料时，字符编码尽量使用 UTF-8。

### 2.3.2　字符编码的判断

下面介绍文本文件字符编码的判断方法。

究竟为何必须要判断出文本所使用的字符编码呢？EmEditor 等高性能文本编辑器能够自动判断使用哪种字符编码并正确执行其功能，但是文字处理软件只能匹配一部分的字符编码。例如，记事本可以匹配 GB2312 和 UTF-8，却不能正常显示 UTF-16LE 以及日语 Shift-JIS 等。由于字符编码的不同，Microsoft Excel 等软件有时也会出现乱码或者非正常显示等情况。此时，就必须查找并变更为与该软件或者该系统相对应的字符编码。另外，字符编码与 Python 的使用也有关系，是编程中一项必须掌握的基础知识。

　　字符编码可以使用文本编辑器进行确认，下面以 EmEditor 为例进行讲解。用 EmEditor 打开上一节中用到的 n.txt 文件。注意界面右下角的"状态栏"，此时显示的是"简体中文（GB2312）"，表示当前 n.txt 的字符编码是简体中文（GB2312），如图 2.9 所示。文件乱码意味着当前使用的字符编码与 n.txt 文件原始字符编码不一致。使用 2.2.3 小节中介绍的方法重新载入文件后 n.txt 正常显示，如图 2.10 所示，此时字符编码为 UTF-16LE，表示 n.txt 的文件编码是 UTF-16LE。

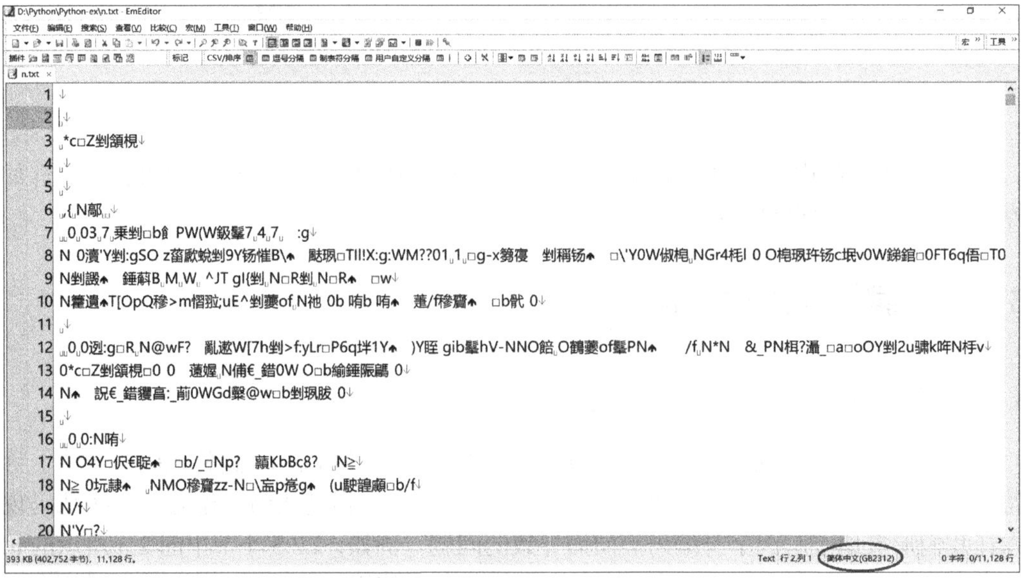

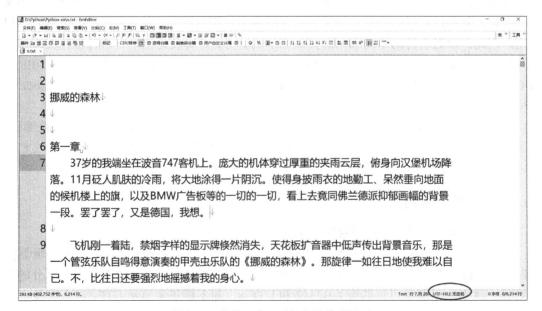

图 2.9　当前字符编码确认界面

图 2.10　文件正常显示的字符编码界面

另外，根据 EmEditor 的设定，有时不显示"状态栏"。这时可以单击文件工具栏中的"查看→状态栏"命令，使其为选中状态（其前面有对号）。

### 2.3.3　字符编码的转换

如上所述，有时使用的文字处理软件只能匹配某种特定字符编码。例如，在中文 Windows 系统下，Excel 打开 UTF-8 编码的文件时，只能显示一部分内容（通常只有一行）。这时，就必须根据使用的软件来变更文本文件的字符编码。变更字符编码的方法有很多种，最简单的一种是使用文本编辑器的"另存为"命令。下面以将 n.txt 的字符编码从 UTF-16LE 变更为 UTF-8 为例，介绍字符编码的转换方法。注意，变更字符编码的前提是先保证文件能够正常显示。单击 EmEditor 编辑器文件工具栏中的"文件→另存为"命令，打开"另存为"对话框。在该对话框中，有 3 个参数需要修改，分别是文件名、换行符和编码。首先，为了区别更改字符编码后的文件与更改字符编码前的文件，新的文件可以命名为 n_utf8.txt；其次，为了便于 Linux 或者 UNIX 等操作系统处理该文件，更改换行符为"仅 LF（UNIX）"（换行编码的介绍详见 2.3.4 小节）；最后，更改编码方式为"UTF-8 无签名"。完成以上操作后，运用 2.3.2 小节介绍的方法，确认文件的字符编码是否变更为"Unicode(UTF-8)"，如图 2.11 所示。

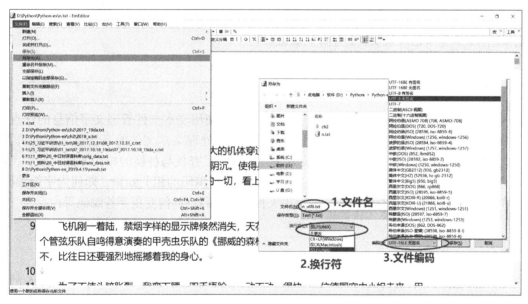

图 2.11　更改字符编码界面

文本编辑器变更字符编码的方法是针对少量文件需要修改的情况，文件数较多时应选择其他方法。EmEditor 支持使用宏程序的字符编码批量修改。此外，还有很多公开的免费软件，可以专门进行字符编码的变更。需要注意的是，有的软件批量更改字符编码时会存在一定的缺陷，使用这样的数据进行研究时需要谨慎。

### 2.3.4　换行编码

除了字符编码的问题之外，换行编码不一致也会引起错误。

计算机理解的一行和我们理解的一行是不同的。如图 2.12 所示，"永和九年，岁在癸丑，……，亦足以畅叙幽情。"一般被认为是 3 行。而这些内容对计算机来说只有 1 行，因为计算机理解的一行是"1 个换行符为 1 行"。

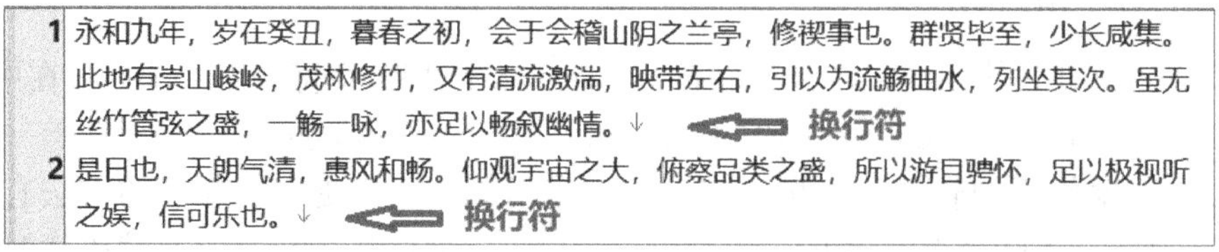

图 2.12　计算机中的行

系统不同换行符也不同。换行符的起源是以前的打字机回车（CR，将固定纸的"滑动架"回到最初的位置）和移行（LF，将纸往上送 1 行）两个独立的操作合并而成。UNIX、Linux 和最新的 Mac 系统使用 LF，以前的 Mac 使用的是 CR，Windows 使用 CR+LF 来表示换行。通过图 2.11 中"换行符"下拉列表也可以看出换行符在各个系统中的不同。

与字符编码相同，高性能编辑器对于文本文件使用怎样的换行编码能够自动判断并正确显示，当然很多普通软件是没有这种功能的。例如，Windows 系统的"记事本"，只能用 CR+LF 表示换行。正因如此，Windows 和 Mac 等不同系统间进行文件转换时，会引起数据无法完整显示，程序无法运行等问题。保存文件时最好注意一下自己使用了哪种换行编码。具体操作 2.3.3 小节已经说明，这里不再赘述。

## 2.4　本章小结

本章介绍了文本文件的相关内容。首先，说明了使用文本文件管理文字信息的优点在于不受计算机系统限制的通用性。然后，介绍了用于处理文本文件的高性能文本编辑器，并通过具体例子讲解了 EmEditor 的安装方法，并演示了查找与替换的操作方法。最后，讲解了理解文本文件不可或缺的要素——字符编码与换行编码的相关知识，即何为字符编码，如何判断文件所使用的字符编码，如何解决文件显示乱码，如何变更字符编码等内容。

## 习题

1. 尝试使用本章讲解的查找替换功能，完成 1.1.2 小节中删除 B 的对话只保留 A 的对话的问题。

2. 英语相关研究者访问 Project Gutenberg（http://www.gutenberg.org/wiki/Main_Page），日语相关研究者访问青空文库（https://www.aozora.gr.jp/），下载 5 篇知名作家的作品，并将其保存为 UTF-8 编码的文本文件。以这些文件为对象，尝试进行单文本检索和多文本检索。

第 3 章　　　*Chapter 3*

# 正则表达式

第 2 章介绍了怎样使用文本编辑器进行查找和替换。文本编辑器其实还具有更高级的查找功能。例如，查找同一文字反复出现的位置，或查找带括号的字符串。要想完成这些特殊条件的检索，就必须要学习"正则表达式"。

本章将介绍正则表达式。首先讲解何为正则表达式，然后介绍正则表达式的应用实例。本书这里还使用 EmEditor，这与之后介绍的 Python 的正则表达式是一样的。

## 3.1　正则表达式的定义

试想，若要将某一文本文件中的（xièxiè）、（lǚ tú）等带有（）括号以及其中的拼音删除，这种要求是不可能靠手动操作，或是简单的查找和替换来实现的。此类问题在掌握"正则表达式"后，几秒内可以全部完成。

一般来说，EmEditor 之类的高性能文本编辑器是具备正则表达式检索功能的。正则表达式可以在语料库检索专用工具中应用，也可以应用到接下来讲到的 Python 等编程语言中，现在很多工具都支持正则表达式，因为正则表达式的功能非常强大。正则表达式是文本处理时不可或缺的重要工具，不可略过，需要动手操作以加深记忆，熟练掌握。

## 3.2　文本查找

下面将用 EmEditor 演示正则表达式的使用方法。单击菜单栏中的"搜索→查找"命令，弹出"查找"对话框。如图 3.1 所示，选中"正则表达式"单选按钮。

虽然"正则表达式"处于活动状态，但是大部分字符串检索与之前的操作依然相同。正则表达式中，"?"和"+"等一些符号具有特殊意义，一般称为元字符，能够实现高级检索。下面以 n_utf8.txt 为例，逐个介绍这些元字符的意义和具体的使用方法。在正则表达式中用到的"?"和"+"等元字符全部为半角。汉语、日语等输入法打出的"？"与半角状态下打出的"?"表面上差不多，但对计算机来说二者是完全不相同的符号。使用正则表达式时的元字符需要在半角状态下输入，这一点需要特别注意。

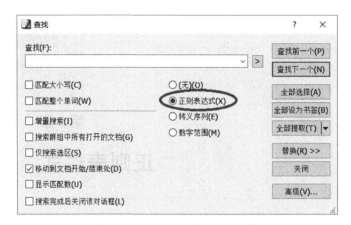

图 3.1　EmEditor "查找" 对话框

### 3.2.1　符号 "?" 的用法

"?" 表示其前的一个字符 "出现 0 次或者 1 次"，也就是说，前面的字符可有可无。例如，以检索第一人称为例。第一人称有 "我" 和 "我们"，这时利用正则表达式可以一次实现对 "我" 和 "我们" 两个字符串的检索。利用之前介绍的方法，试着在 "查找" 文本框中输入下面的正则表达式。

我们 ?

如图 3.2 所示，检索结果都被高亮显示，说明 "我" 和 "我们" 都能够匹配。

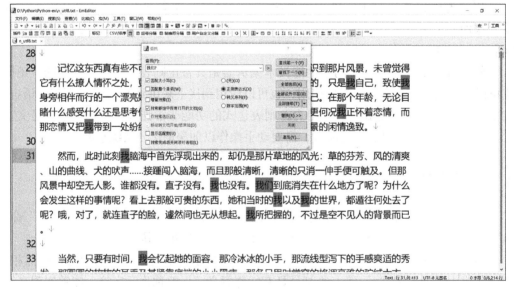

图 3.2　"我们 ?" 的检索结果

### 3.2.2　符号 "." 的用法

"." 符号表示任意的单个字符，也就是说 "." 能够匹配任意的一个字符。例如，检索 "~们" 这样一个字符串的话，可以使用下面的正则表达式。

.们

如图 3.3 所示，该表达式可以匹配"人们"和"他们"等这样的字符串。

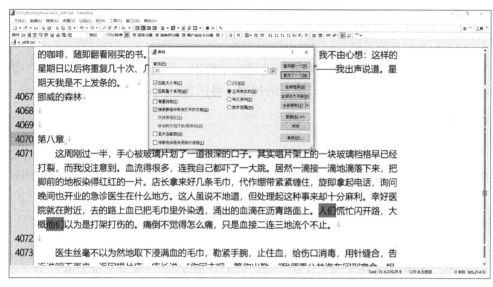

图 3.3　".们"的检索结果

同样，检索"～～们"，即"们"之前有两个字符的字符串，可以使用下面的正则表达式。

..们

如图 3.4 所示，可以看到该正则表达式匹配到"护士们"等字符串。需要注意的是，此时的检索结果中存在很多"杂质"——与期待结果不符的检索结果，如"诉人们"和"时她们"等。

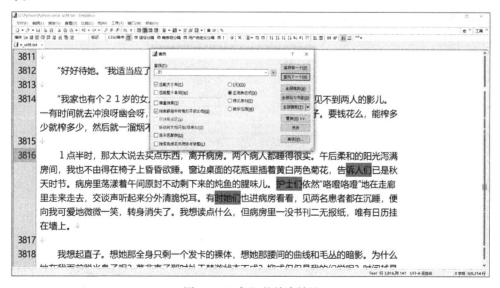

图 3.4　"..们"的检索结果

### 3.2.3 符号 "+" 的用法

"+"符号表示其前字符 1 次及以上的重复。例如，使用下面的正则表达式可以同时检索 "啊""啊啊啊""啊啊啊啊啊啊"等。

啊 +

我们一般不会检索 "啊啊啊啊啊啊"这样的字符串。但是，"+"与之前的 "."组合可以发挥更大的威力。关于正则表达式组合的使用，将在 3.2.9 小节以后介绍。

### 3.2.4 符号 "*" 的用法

"*"符号表示其前字符 0 次及以上的重复。与 "+"不同的是这个符号前面的文字可以出现 0 次，即 "*"之前的字符可以不出现。例如，使用下面的正则表达式可以匹配 "么办""怎么办""怎怎怎怎么办"等。

怎 * 么办

理解 "*"与 "+"的区别非常重要。"*"前面的字符可以不出现，而 "+"前面的字符至少出现 1 次。使用下面的正则表达式，可以匹配 "怎么办""怎怎怎怎么办"等，却不能匹配 "么办"。

怎 + 么办

### 3.2.5 符号 "[ ]" 的用法

"[]"符号表示匹配 [] 中的任意一个字符。例如，输入 "[ 他她 ]"可以匹配 "他"或者 "她"。如果要检索第三人称复数 "他们"以及 "她们"的例句，虽然可以一个一个地分开检索，但费时费力，利用下面的正则表达式便可以同时检索。

[ 他她 ] 们

如图 3.5 所示，"他们"和 "她们"都能够匹配。

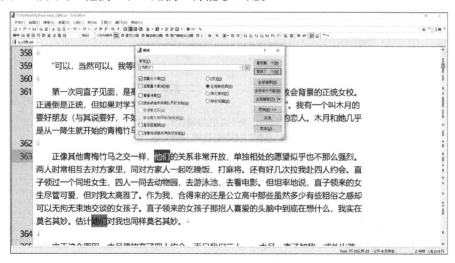

图 3.5 "[ 他她 ] 们"的检索结果

　　同样地，如果想要同时检索"他的"或者"她的"，以及"他是"或者"她是"时，可以使用下面的正则表达式。

[ 他她 ] [ 的是 ]

　　如图 3.6 所示，"他的""他是""她的""她是"都能够匹配。

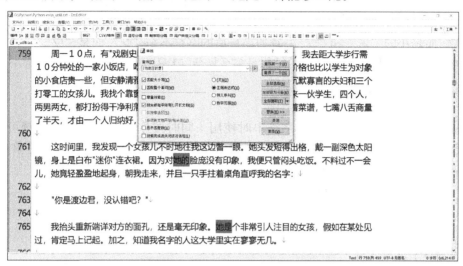

图 3.6　"[ 他她 ][ 的是 ]"的检索结果

　　[ ] 还有许多其他更高级的功能。首先，在 [ ] 内先输入"^"符号，这表示是"除～之外"。例如，想要检索"～的"的例句，但又不想检索到"他的"和"她的"，可输入以下正则表达式。

[^ 他她 ] 的

　　[^ 他她 ] 表示除了"他"或"她"之外的任意一个字符。"[^ 他她 ] 的"表示除了"他"或"她"之外的任意一个字符后面接"的"的字符串。检索结果如图 3.7 所示。

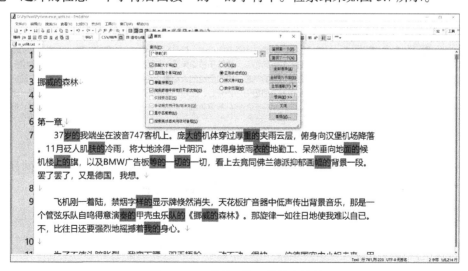

图 3.7　"[^ 他她 ] 的"的检索结果

"[]" 和连字符 "-" 一起使用，还具有表示范围的功能。例如，检索含有数字的对象，可以列举 "[0123456789]" 所有可能的情况，也可以更简单地写为 "[0-9]"。检索大写字母时输入 "[A-Z]"，检索小写字母时输入 "[a-z]"，同时检索大小写字母时可以简单地在括号内并列输入 "[A-Za-z]"。匹配中文汉字时，经常使用汉字的 Unicode 编码，其中基本汉字的范围可以使用 "[\x{4E00}-\x{9FA5}]" 表示。检索日语时，所有平假名用 "[ぁ-ん]" 表示，所有片假名用 "[ァ-ヴ]" 表示（注意，在字符编码的排列顺序中，开头的字符不是 "あ" 或者 "ア" 而是小的 "ぁ" 和 "ァ"。片假名最后的字符不是 "ン" 而是 "ヴ"）。

另外，需注意的是，无论 [ ] 中的结构是多么复杂，[ ] 只匹配全部内容中的任意一个字符。

### 3.2.6 符号 "|" 的用法

"|" 符号在匹配其左右的两个字符串时使用（同时按住 <Shift> 键和 <\> 键可以输入 "|"）。表示列举多个选择项，与上面介绍的 "[ ]" 类似，但使用 "[ ]" 匹配的是单个字符，而 "|" 匹配的是其左右的字符串。例如，要检索《挪威的森林》中的 "渡边" 与 "直子" 两个登场人物时，可使用以下正则表达式。

```
渡边 | 直子
```

检索结果如图 3.8 所示。

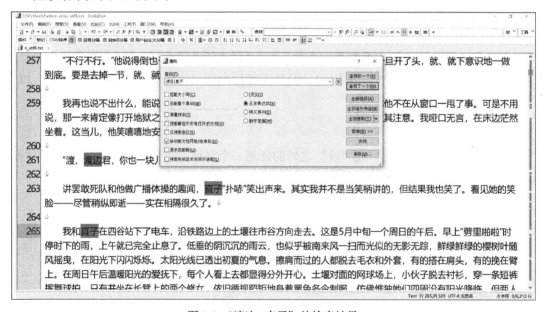

图 3.8 "渡边 | 直子" 的检索结果

另外，如果对一部分检索对象应用 "|" 时，可以与括号 "( )" 组合使用。例如，欲同时检索 "渡边的" 与 "直子的" 两个字符串，可使用以下正则表达式。

```
( 渡边 | 直子 ) 的
```

这种情况，按下面的正则表达式也可以得到同样的结果。

```
渡边的 | 直子的
```

### 3.2.7　符号 "^" 与 "$" 的用法

"^" 表示行首，"$" 表示行尾。运用这两个符号可以检索 "以 ~ 开始的行""以 ~ 结束的行"（如 3.2.5 小节所介绍的 "^" 出现在 [ ] 内时表示否定。这两个用法非常容易混淆，需要读者注意。^ 出现的环境不同，意义也完全不同）。例如，检索以汉字 "三" 开始的行，可以使用以下正则表达式。

```
^三
```

该正则表达式只能匹配，以 "三" 开头的行，而不能匹配行间或者行尾有 "三" 的行。同样地，只检索位于行尾的句号时，可使用以下正则表达式。

```
。$
```

这里所说的行，指的是 2.3.4 小节中讲的计算机认为的行，也就是说，以换行符为结束标志的行。

### 3.2.8　后方引用

后方引用是正则表达式中一种稍微高级的功能。"\1" 是将匹配成功的字符串进行存储，供以后再次匹配该字符串时使用。例如，想检索 "罢了" 这个单词重复两次的位置，首先将 "罢了" 用 ( ) 括起来，然后在后面加上 "\1"。

```
（罢了）\1
```

检索结果如图 3.9 所示。

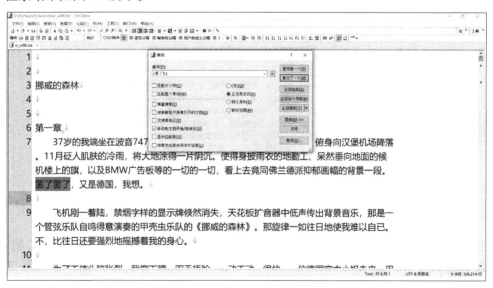

图 3.9　"( 罢了 )\1" 的检索结果

"\1" 这个元字符表示从左起第一个括号匹配的内容。如果一个正则表达式中含有多个括号时，则从左起第 i 个括号匹配的内容用 "\i" 来表示，如 \1、\2、\3 等。例如，正则表达式 "(A)(B)C\1\2" 会匹配什么内容呢？　\1 匹配左起第 1 个括号中的内容，\2 匹配左起第

2 个括号中的内容，因此整体匹配字符串 ABCAB。

另外，图 3.9 所示的例子不使用正则表达式，简单检索"罢了罢了"这个字符串也会得到同样的结果。下一节将要介绍后方引用与其他元字符组合，与替换功能相结合，发挥更强大的威力。

### 3.2.9　元字符组合

正则表达式的真正强大之处在于元字符的组合能够形成复杂的模式。下面介绍元字符组合检索的几个例子。

首先，来研究一下"诺贝尔奖介绍"（nj.txt）文件中使用了哪些数字。阿拉伯数字可以用 [0-9] 表示，但是通观"诺贝尔奖介绍"文件后发现，该文件中数字都是用汉字表示的。汉字数字的编码不是连续的（[ 一 - 十 ] 不等同于 [ 一二三四五六七八九十 ]），因此，汉字数字可以使用表达式 [ 零〇一二两三四五六七八九十百千万亿兆 ] 来表示。利用该表达式可以一个字符一个字符地匹配数字，如果想一次匹配全部数字的话，需要与表示"一次以上连续"的"+"组合使用，正则表达式如下。

```
[ 零〇一二两三四五六七八九十百千万亿兆 ]+
```

检索结果如图 3.10 所示。

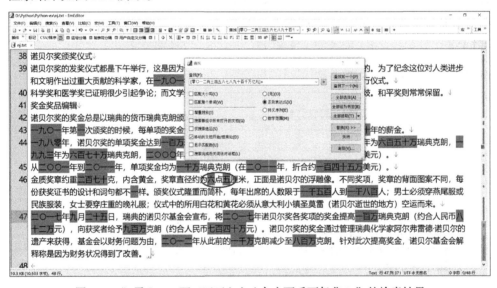

图 3.10　"[ 零〇一二两三四五六七八九十百千万亿兆 ]+"的检索结果

由图 3.10 可知，上面汉字数字的表达式并不能匹配所有汉字数字。例如，第 46 行画圈部分的数字"六点五"，只匹配了"六"和"五"，没有整体匹配。也就是说，上面的正则表达式无法匹配小数。如果需要匹配小数的话，可以使用"[ 零〇一二两三四五六七八九十百千万亿兆 ]+( 点 [ 零〇一二两三四五六七八九 ]+)?"。这个正则表达式稍长，可以把它分成两部分理解，第一部分是"[ 零〇一二两三四五六七八九十百千万亿兆 ]+"，表示数字的整数部分；第二部分是"( 点 [ 零〇一二两三四五六七八九 ]+)?"，表示数字的小数部分。因为整数不需要"点 [ 零〇一二两三四五六七八九 ]+"，只有小数才需要，所以将表达式整体用括号括起来后，加上之前学习的正则表达式"?"。

下面试着检索 n_utf8.txt 文本中出现的"是不是""能不能"等"不"的前后是相同汉字的表达。单个汉字可以使用 [\x{4E00}-\x{9FA5}] 表示，也可以简单地用表示任意一个字符的"."表示；然后，后面接的是"不"；最后，要表示"不"前面的汉字的重复，就要利用3.2.8 小节中介绍的后方引用的方法来实现。概括起来就是将 [\x{4E00}-\x{9FA5}] 或者"."整体用括号括起来，在"不"的后面加上 \1，正则表达式如下。

```
([\x{4E00}-\x{9FA5}]) 不 \1
```

或

```
(.) 不 \1
```

检索结果如图 3.11 所示。

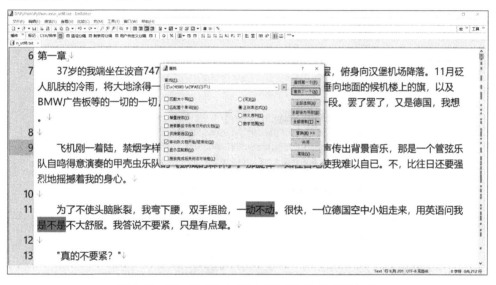

图 3.11　"([\x{4E00}-\x{9FA5}]) 不 \1"的检索结果

## 3.3　文本替换

利用正则表达式进行"替换"时，实际上可以实现很多功能。本节将介绍使用正则表达式进行替换的删除功能。在如图 3.12 所示的"替换"对话框中，通常在"查找"文本框中输入正则表达式，在"替换为"文本框中输入普通字符串或正则表达式。"查找"关键词栏中的字符串之所以写成正则表达式，是因为这样能够同时匹配一种类型的字符串。而"替换为"关键词栏中，如果输入普通字符串时，一般是进行标记或者删除等操作；如果输入含有元字符的正则表达式时，一般进行的是较为高级的操作。

下面举例讲解一下如何删除 n_p.txt 中包含的拼音。如图 3.13 所示，n_p.txt 文件中汉字后面有用 ( ) 加拼音。这些拼音数量众多，而且混在文中不同的位置，如果手动删除的话费时费力，也容易出错。此时，需要使用替换操作的删除功能。那么如何利用正则表达式删除这些拼音呢?

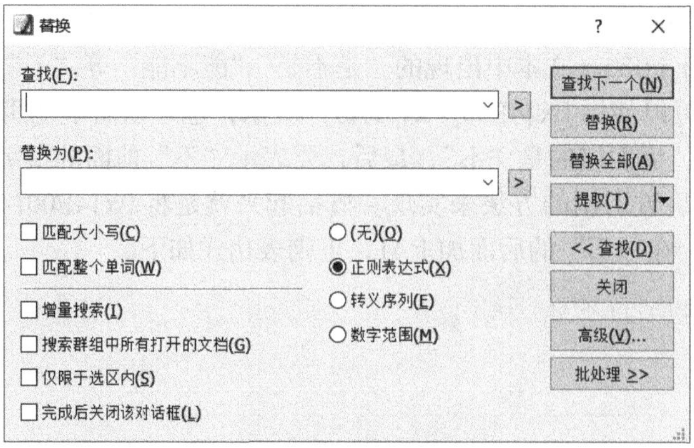

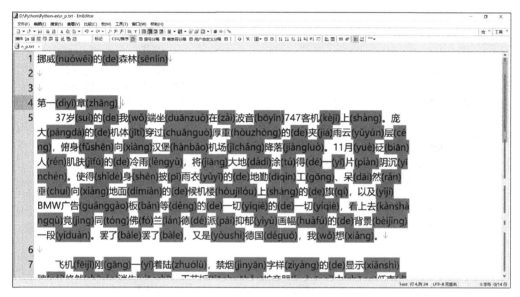

图 3.12 "替换"对话框

图 3.13 拼音界面

使用正则表达式的一个基本原则是"具体问题具体分析",方法是"观察文本特点并使用正则表达式描述"。

首先,观察拼音的特点,可以发现所有拼音都是"(*拼音*)"的形式(这里拼音是一个类别,因此使用斜体)。其次,()中至少有 1 个字符。另外,由于 () 是正则表达式的元字符,将元字符还原为基本字符的方法是在其前面加上反斜线 \。最后,把这些特点用"\(.+\)"正则表达式来描述。这个正则表达式虽然看起来没有问题,但实际上这样写是不对的。我们不妨在"查找"文本框中输入"\(.+\)",然后单击"查找下一个"按钮,看看会发生什么。

"\(.+\)"匹配界面如图 3.14 所示,仔细观察可以发现,"\(.+\)"这一正则表达式匹配的是每行中,第一个左括号"("与最后一个右括号")",以及它们之间的所有内容。这是由于"*"和"+"是"贪婪的"造成的。也就是说,正则表达式具有"在使整个表达式能得到匹配的前提下,匹配尽可能多的字符"的特点。

如果按上式正则表达式进行替换的话,不仅拼音部分,连中间的原文部分也会被删掉了，这显然不是我们想要的结果。我们不需要最长匹配，而是需要最短匹配。在"*"或者"+"后面加上"?"，形成的"*?"或者"+?"就是最短匹配。也就是说，下面的正则表达式可以完成"()里面至少有 1 个字符"的最短匹配。利用这个正则表达式，可以很好地确定括号开始和结束的范围。

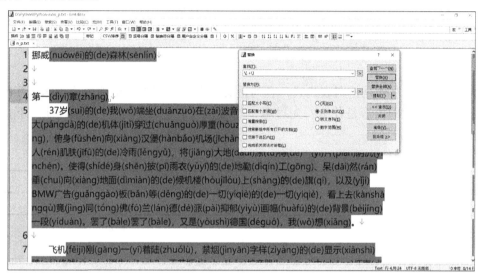

图 3.14　"\(.+\)"匹配界面

```
\(.+?\)
```

在"替换"对话框的"查找"文本框中输入上面的正则表达式，"替换为"文本框为空白。在替换前，单击"查找下一个"按钮，确认无误后再替换全部，如图 3.15 所示。

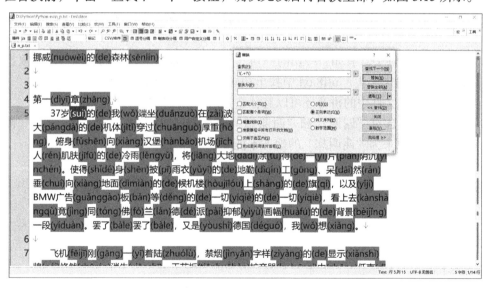

图 3.15　"\(.+?\)"匹配界面

将上面的正则表达式中的"()"改为《 》、<>、[ ] 等可以删除可扩展标记语言（XML）中的标注信息、文本中的网址信息、日语文本中的注音假名等。

## 3.4 本章小结

本章利用 EmEditor 介绍了正则表达式的基本功能。然后，举例说明了有效地利用正则表达式能够删除文件中不需要的内容。不单是 EmEditor，支持正则表达式的工具有很多，本章的知识对很多软件的应用以及编程语言的应用都有帮助。

## 习题

1. 见表 3.1，左列是正则表达式，右列是文本中的字符串，正则表达式能否匹配？能够匹配的话，匹配的内容是什么？先思考，然后在 EmEditor 中实际操作验证一下自己的想法。

表 3.1　正则表达式与字符串

| 正则表达式 | 文本中的字符串 |
| --- | --- |
| ^好 | 美好 |
| [^美]好 | 非常美好 |
| [^美]好 | 中美友好 |
| [^美]好 | 好棒啊 |
| 美好? | 中美友好 |
| 美.好 | 中美友好 |
| 美.?好 | 中美友好 |
| 美.+好 | 中美友好 |

2. n_utf8.txt 文件中包含"理解"和"了解"两个近义词，应该如何同时检索这两个词？

3. n_utf8.txt 文件中含有如"一切的一切"、"最后的最后"这类的相同词语反复出现的形式。利用正则表达式，从 n_utf8.txt 中找出相同词语反复出现的例子。

4. 删除 n_p.txt 文件中的拼音还可以有什么方法？至少写出一个正则表达式。

5. 某个文本中含有"谢谢"和"谢谢您"两种表述，现欲统一，将"谢谢"替换为"谢谢您"。但是，原来为"谢谢您"的地方不能变成"谢谢您您"。应该如何替换？

第 2 篇

# Python 的基础知识

第 2 篇讲解用 Python 处理文本的基础知识。这是让计算机具备自己需要"功能"的基础。

第 4 章介绍用 Python 进行简单计算的方法。第 5 章介绍将 Python 的程序以文件形式保存，必要时加以运行等相关内容。第 6 ～ 第 11 章通过列举实例说明 Python 的具体功能。例如，通过读取语料库并输出满足条件的行；对所有行进行排序，制作单词一览表以及频度表等。因为涉及字符编码等问题，所以第 2 篇主要对英语数据进行探讨。汉语和日语所特有的问题将在第 3 篇进行讨论。第 3 篇的处理以第 2 篇为前提，所以请认真阅读该部分。

# Python 入门

　　编程语言有很多种，本书主要讲解 Python 语言。Python 是由荷兰人 Guido van Rossum 开发的程序语言，是一门易于初学者理解，适合语言研究者学习的语言。

　　本章首先介绍 Python 的获取途径，以及其在 Windows 系统上的安装方法。然后，讲解 Python 的功能和如何使用 Python，以达到熟练其基本操作的目的。最后，在此基础上，介绍处理字符串的基本操作。

## 4.1　选择 Python 的理由

　　Python 是一种脚本语言，适合编写只有几行的简单程序（即脚本）。具有代表性的脚本语言，除了 Python 还有 Perl 和 Ruby。无论哪一种都是可以免费获取的。Python 的前身是一种用于教学的编程语言，其设计理念就是便于初学者理解。

　　Perl 是迄今为止最常用的文本处理语言之一。Perl 语言的特点是：函数的省略表示方法很多，编辑自由度高。因此，在程序可读性方面，对初学者来说难度稍大。Ruby 是近年来越来越受欢迎的脚本语言之一。由于开发者是日本人，所以其优点是日语方面资源丰富。

　　本书采用 Python，但这并不意味着 Python 绝对优于其他语言。程序语言各有利弊，从其功能上来看大同小异。无论选择哪一种语言，编写程序的思想都是非常相近的。所以，即使以后需要使用其他语言编写程序时，我们所学习的关于 Python 的知识也会有所裨益。

## 4.2　Python 的安装

　　Python 是可以从网站上下载的免费软件。我们可以从下面的网址直接下载。同安装 EmEditor 一样，下载时请确认当前的 Windows 版本，32 位系统与 64 位系统应下载的文件不同。

> https://www.python.org/downloads/

　　目前有 Python 2 和 Python 3 两个版本，两者的功能稍有不同。本书将使用相对较新的

Python 3 版本（撰写本书时最新版本是 Python 3.7.2），本书的撰写过程中其版本可能会有更新，不过只要是 Python 3.7.2 以上的版本皆可。Windows 用户单击 Downloads 选项下的 Windows 选项，跳转至图 4.1 所示的 Python 下载界面，64 位系统的单击 Download Windows x86-64 executable installer 文字链接即可开始下载。

**注意**：不要下载 Python 2 系列版本。在本书的后半部分，许多程序在 Python 2 版本上无法正常运行。

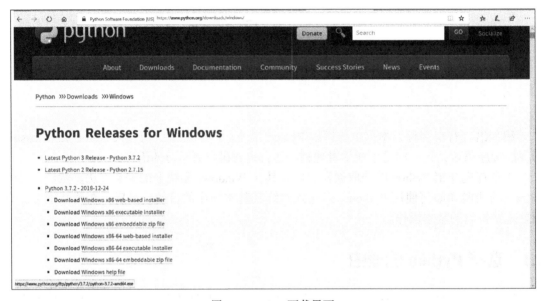

图 4.1　Python 下载界面

下载完成后双击安装文件，出现如图 4.2 所示的安全警告对话框，单击"运行"按钮。打开 Python 安装向导，如图 4.3a 所示，选中"Add Python 3.7 to PATH"复选框，然后单击"Install Now"按钮，直至安装完成即可。Python 安装完成后，不需要重启系统。

图 4.2　安全警告对话框

需要注意的是，不要忘记选中"Add Python 3.7 to PATH"复选框，否则今后调用 Python 时可能找不到路径。

a）选中"Add Python 3.7 to PATH"复选框　　　　　b）安装完成

图 4.3　Python 的安装向导

## 4.3　Python 的运行

完成 Python 的安装后，Windows 的"开始"菜单中应该会出现如图 4.4 所示的"所有程序 → Python 3.7"文件夹，单击下拉箭头后应该可以看到与图 4.4 类似的界面（如果安装的是 32 位版本则显示 32-bit）。单击"Python 3.7 (64-bit)"命令运行 Python，显示如图 4.5 所示的 Python 运行界面。图 4.5 中的">>>"符号叫作提示符，表示"准备完毕，请继续输入"的意思。后面的章节中，如果运行程序之后，出现 >>> 提示符的话，都可以理解为"准备完毕，请继续输入"的意思。需要特别指出的是，运行程序之后的 >>> 提示符是否出现具有非常重要的意义，即 >>> 提示符出现表示之前的程序成功运行结束；>>> 提示符没有出现表示之前的程序还没有运行结束，程序没有结束前，千万不要终止程序，否则得到的结果是不完整的。此外，输入时请不要在汉语输入法和日语输入法下输入全角字母或者符号（如果混入全角字母或者符号，将无法正常运行）。本书第 3 篇将介绍用 Python 处理汉语的方法。

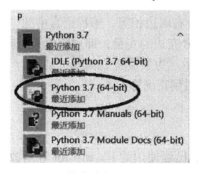

图 4.4　开始菜单中的 Python 界面

```
Python 3.7 (64-bit)                                                    —  □  ×
Python 3.7.2 (tags/v3.7.2:9a3ffc0492, Dec 23 2018, 23:09:28) [MSC v.1916 64 bit (AMD64)] on win32
Type "help", "copyright", "credits" or "license" for more information.
>>> ▮
```

图 4.5　Python 运行界面

## 4.4 Python 的计算

为了熟练使用 Python 的命令语句，我们首先进行简单的计算。该操作的目的是学习基本操作步骤，牢记赋值等基本操作方法。

### 4.4.1 Python 的计算器功能

运行 Python，出现命令提示符后，首先输入以下公式（□表示半角空格）。

```
>>>3 □ + □ 2
```

输入后，按 <Enter> 键显示计算结果。接下来，请以同样的方法输入以下两个公式。

```
>>>12 □ / □ 4
```

```
>>>2 □ * □ (2 □ + □ 3)
```

乘法的计算符号为 *（星号），除法的计算符号为 /（斜杠）。也可以使用括号进行计算。

另外，在上面的例子中，每一个符号与数字之间都有一个半角空格，这只是为了方便阅读。多数情况下，可以省略符号和符号、符号和数字之间的空格。

### 4.4.2 变量

虽然通过上述方法可以将 Python 当作计算器使用，但是这种程度的工作并不需要使用编程语言。下面介绍的"变量"这一概念，这样才逐渐有编程语言的意思。

用 Python 将计算结果保存为变量之后可以再次调用。试着将 2+3 的计算结果保存为变量 answer。

```
>>>answer □ = □ 3 □ + □ 2
```

数学中的"="表示等式左右两边相等，编程语言中的"="通常并不代表"相等"，而是表示将等号右边的值赋予等号左边的变量，即"赋值"。与 4.4.1 小节中的 3 + 2 不同，赋值操作后的结果不在屏幕上显示。为了检验 answer 是否保存了计算结果，在下一行输入 answer，显示如下。可见，能够得到正确答案 5。

```
>>>answer
5
```

命名变量时，除了 Python 已经使用的 if、in、for 等函数名以外，可以任意命名。一般来说，编程语言中的变量名可以由数字、字母和下画线构成，但是首字母不能是数字。Python 也不例外。例如，answer、kotael 或者 verb_frequency 等都是正确的变量名。此外，要注意区别大写字母和小写字母（也就是说，answer 和 Answer 是两个完全不同的变量）。为了避免与固有变量冲突，很多程序员喜欢把自己命名的变量以"MY_"开头。

当然，也可以命名像 x 或者 y 这样的简单变量，但是总的来说，为了能看懂变量表示什么意思，编程时最好给变量设置一个具体的、有意义的名字。

如果生成了变量，那么就可以调用该变量。例如下面的例子，1 美元约合 6.71 人民币，计算 100 人民币约合多少美元。

```
>>>rate □ = □ 6.71
>>>rmb □ = □ 100
>>>rmb □ / □ rate
14.903129657228018
```

用变量计算得出的结果可以再次赋值给其他变量，如下所示。

```
>>>rate □ = □ 6.71
>>>rmb □ = □ 100
>>>dollar □ = □ rmb □ / □ rate
>>>dollar □
14.903129657228018
```

如下所示，也可以把计算结果再次赋值给最初的变量。一般称这种运算为自增或者自减，这是编程中非常重要的思想之一。

```
>>>counter □ = □ 2
>>>counter □ = □ counter □ + □ 1
>>>counter
3
```

数学里"counter = counter + 1"是不成立的。正如前文所述，在大多数编程语言中"="表示的是赋值，而且是将等号右边的值赋给等号左边的变量，所以"counter = counter+1"作为程序是可以正常运行的。这里该式表示将 counter + 1 后的值再次赋给 counter，也就是在 counter 现值的基础上加 1。

正如 counter 这个变量名一样，counter = counter + 1 可以在程序里作为计数器使用（7.3节将介绍文本文件中计算行数的应用实例）。因为自增自减运算经常使用，所以可以使用其缩略形式"+="。输入"counter + = 1"与"counter = counter + 1"一样，如下所示。

```
>>>counter □ = □ 2
>>>counter □ += □ 1
>>>counter
3
```

## 4.5  字符串

上面介绍了使用 Python 进行简单的计算和处理变量的方法，接下来看一看如何用 Python 处理字符串。

Python 中字符串要加单引号，如 'apple'。加双引号 "apple" 表示相同的意思。唯一的不同是，单引号不能用于单引号本身，双引号不能用于双引号本身。例如，单引号本身作为字符串处理时，必须使用双引号，即 "'"。

和处理数值时完全一样，字符串也可以赋值给变量，如下所示。

```
>>>word □ = □ 'apple'
```

字符变量的命名方法也和数值变量相同。重要的是，应给变量设置一个能体现其意思的名字。

另外，字符变量可以像数值变量一样进行加法运算吗？我们不妨试试看下面的例子。

```
>>>'apple' □ + □ 'pen'
'applepen'
```

可见，对于字符变量也可以使用 "+"，但是与数值变量运算时稍有不同，这里可以理解为字符串的连接。

## 4.5.1 字符串显示

Python 中有各种各样便于处理字符串的功能。例如，如果想查找字符串的第一个字符，或者是第三个字符应该怎么操作呢？在 Python 中像 word[2] 这样，在字符变量后面加上方括号和数字，就可以从字符串中查找相应的字符。该功能即为检索。下例是将 python 这一字符串赋值给字符变量 word 之后，查找字符串的第一个字符和第二个字符。

```
>>>word □ = □ 'python'
>>>word[0]
'p'
>>>word[1]
'y'
```

需要注意的是，第一个字符的序号是 0，第二个字符的序号是 1，第三个字符是 2，依此类推。在计算机中，像这样从 0 开始计数的情况是非常常见的。

那么，如果想查找字符串中最后一个字符时又该如何操作呢？首先数清字符数量，如果有 6 个字符，就可以用 word[5] 指定最后一个字符。当然还有更为方便的写法，即用 [-1] 表示最后一个字符。

```
>>>word[-1]
'n'
```

同理，如果要查找倒数第二个字符写为 [-2]，倒数第三个写为 [-3]，依此类推。

[] 中不仅可以是一个数字，也可以指定某个范围（这种功能被称为切片）。例如，想要查找前两个字符时，可按下列方法操作。

```
>>>word[0:2]
'py'
```

只抽取第二个字符和第三个字符时，可按下列方法操作。

```
>>>word[1:3]
'yt'
```

这种用数字指定范围的方法有些难于理解，特绘制图 4.6 进行说明。

在图 4.6 中，0，1，2，……数值为正的序号，按照从左到右的顺序方向排列，每个序号指向的是字符的开始；而 -1,-2,-3,……数值为负的序号，按照从右到左的倒序方向排列，每个序号指向字符的末尾。通过图 4.6 理解指定范围的方法就容易了。

此外，如果想要指定"从头开始"或者"到最后为止"这样的范围时，也可以省略数字。例如，word[0:2] 可以写成 word[:2]。

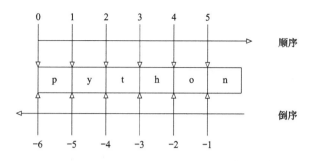

图 4.6　字符串切片中指定序号的方法

```
>>>word[:2]
'py'
```

同样地，word[2:] 表示从第三个字符到最后。

```
>>>word[2:]
'thon'
```

## 4.5.2　字符串长度：len( ) 函数

如果想知道一个字符串中有多少个字符，该如何操作呢？这时就可以使用 len( ) 函数。请按照下面的方法输入试一下吧。

```
>>>len('apple')
```

按 <Enter> 键执行，应该会出现数字 5。

现在我们正式学习函数，函数在编程中是重要概念之一。在数学中，我们经常和函数打交道。比较简单的函数是 $y = 2x$，这里 $x$ 是自变量，$y$ 是因变量。当 $x = 2$ 时，$y = 4$。也就是说，将某些数据传递给 $x$ 时，可以得到一个返回值 $y$。例如，"长度 = len( 字符串 )"表示的是，当给定一个字符串时，会得到该字符串长度的数值。虽然"函数"一词中有一个"数"字，但是编程语言中的函数并非都是处理数值的。

函数中一般把被计算的变量叫作参数。例如，在 len('apple') 中，称 'apple' 为参数。

因此，如果在 Python 中输入以下内容，就是求 skyscraper 的长度。

```
>>>len('skyscraper')
10
```

或者，也可以不显示结果，将结果赋值给变量，如下所示。

```
>>>word_length □ = □ len('skyscraper')
```

## 4.5.3　数值与字符串

上述内容出现了"数值"和"字符串"两种数据类型。Python 中像这样不同类型的数据之间有明显区别，所以操作时必须要注意所处理的数据类型。例如，2 是数值；'2' 因为加了单引号，所以就是字符串，而不是数值。如果错将数值与字符串相加会怎么样呢？按照下列方法输入一下试试吧。

```
>>>a □ ='2'
>>>b □ = □ 3
>>>a □ + □ b
```

按 <Enter> 键执行，会出现如下所示的错误信息。

```
Traceback (most recent call last):
  File "<stdin>", line 1, in <module>
TypeError: can only concatenate str (not "int") to str
```

TyperError 中明确说明，之所以出现错误，是因为只允许字符串（string，简写为 str）与字符串相加。很多初学者看到程序执行错误就慌乱，而不去关注错误提示，这是不对的。错误提示中包含了很多有用的信息，可供我们修改程序使用。

以上错误经常出现在提示计算结果的时候。例如，想用 "The answer is…" 的形式表示 99 × 99 的计算结果。下面的代码乍一看，连接字符串使用 "+" 没问题啊。但实际上这段代码是错误的，因为 answer 不是字符串而是数值，数值和字符串不能相加。

```
>>>answer □ = □ 99*99
>>>'The □ answer □ is □ ' □ + □ answer □ + □ '. '
```

### 4.5.4　数值转字符串：str( ) 函数

那么，如果想将数值变成字符串，然后与其他字符串连接时该如何操作呢？这时，可以使用 str( ) 函数，该函数可以将数值转换为字符串。输入以下代码试一下。

```
>>>answer □ = □ 99*99
>>>answer
9801
>>>str(answer)
'9801'
```

从显示方式可以看出，answer 是数值，str(answer) 输出的是字符串。利用该函数就可以把计算结果转换为字符串，然后与其他字符串连接。用 "The answer is…" 形式表示 99 × 99 的计算结果，正确的表示方法如下。

```
>>>'The □ answer □ is □ ' □ + □ str(answer) □ + □ '. '
'The answer is 9801.'
```

### 4.5.5　字符串转数值：int( ) 函数

与 str( ) 函数相反，将字符串转换为数值时使用 int( ) 函数。该函数经常在从文件中读取数值数据时使用。因为从文件中读取的数据一般默认为字符串，不能直接进行数值计算（从文件中读取数据的方法将在第 5 章介绍）。注意，int( ) 函数只能处理整数，处理含小数点的数据时应使用 float( ) 函数。

举个简单的例子，如果将下面所示的 a、b 两个字符看作数值相加时该如何操作呢？

```
>>>a □ = □ '191'
>>>b □ = □ '266'
```

如果简单地写成 a+b，就是字符串的连接，而不是数值相加，如下所示。

```
>>>a □ + □ b
'191266'
```

此时，需要使用 int( ) 函数将字符串转换为数值，然后进行加法运算。输入下面的代码试一下。

```
>>>int(a) □ + □ int(b)
457
```

最后，使用完 Python 时，也需要知道如何退出。输入下面的代码即可退出 Python。

```
>>>exit()
```

## 4.6　本章小结

本章介绍了 Python 的基本操作，包括 Python 作为计算器的使用方法、生成变量、赋值以及字符串的相关操作。

## 习题

1. 下列名字中，哪个可以用作变量名？

```
2gram
Number_of_words_in_files2
Vowels&consonants
```

2. 下列代码的计算结果分别是什么？首先猜想执行下列操作会得到什么结果，再上机验证。

```
>>>a □ = □ 'doki'
>>>a □ * □ 2
```

```
>>>a □ = □ 8
>>>a □ -= □ 1
>>>a
```

```
>>>a □ = □ '5'
>>>b □ = □ '8'
>>>a □ + □ b
```

```
>>>filename □ = □ 'example.txt'
>>>filename[-4:]
```

```
>>>i □ = □ 0
>>>word □ = □ 'bike'
>>>word[i]
```

3. 1 美元约合 6.71 元人民币，100324 元人民币约合多少美元？用 Python 计算，并在计算结果前添加美元符号（$）。

*Chapter 5*

第 5 章

# 使用 Python 读取文件

第 4 章介绍了 Python 的基本操作,这些方法每次都需要输入代码,而且这些代码不能重复使用。但一般来说,编写程序是将代码保存为程序文件,以后需要的时候可以随时调用。

本章将介绍把代码保存为程序文件并调用的方法,具体的例子是读取文本文件。为了自己及他人能更容易地理解程序,本章也介绍了在程序内加注释的方法。

## 5.1 保存并运行 Python 程序

第 4 章以"交互式命令行"的形式介绍了 Python。所谓交互式命令行,指的是每输入一行代码,然后执行,就会得到这行代码的结果。这种方式常用于确认 Python 的一些使用方法或者某些细节内容。在真正以处理为目的编写程序时,一般都是编写程序文件并保存,这样在需要时可以反复利用。此时,一般不使用交互式命令行形式,而是用第 2 章介绍的 EmEditor 等文本编辑器编写程序,并以相应的文件形式保存,需要时加载运行。一般的编写程序操作过程可以大致总结为图 5.1 所示的内容。

图 5.1　一般的编写程序操作过程

首先,用 EmEditor 等文本编辑器编写代码并以相应的文件形式保存。例如,Python 程序文件保存为 .py 文件,Perl 程序文件保存为 .pl 文件等。其次,启动 Windows 系统自带的应用"命令提示符"(UNIX、Linux、Mac 系统启动"终端(terminal)"),进入程序所在的文件夹后,使用 Python 加载相应的程序并运行。语言研究者一般都需要处理结果,所以最后将处理结果保存为文本文件,然后结束。

另外,本章将以样本文件中的 j.txt 为对象进行操作说明。还没有保存样本文件的读者,请按照 1.3.2 小节的方法将 j.txt 文件保存到计算机的本地硬盘中。j.txt 文件中包含"Through the Looking-Glass, and What Alice Found There"中的一首题为"Jabberwocky"的诗。建议用 EmEditor 等文本编辑器打开 j.txt 文件,提前确认一下文件的内容。

### 5.1.1　程序编写

打开 EmEditor，输入第一个程序。首先，输入以下 4 行程序代码。

**程序 5-1**

```
1    datafile □ = □ open('j.txt', □ encoding □ = □ 'utf-8')
2    for □ line □ in □ datafile:
3    □□ line □ = □ line.rstrip()
4    □□ print(line)
```

该段程序是用来显示 j.txt 文件内容的。如果只是想显示文件内容的话，没必要编写 Python 程序。但是，对该程序稍加改进，就可以实现显示满足特定条件的行，统计词汇、短语频度等复杂的操作。编写该程序是第一步。

在这个程序里面，还有许多函数没有介绍，因此有的地方可能看不懂。但是不用担心，先把这些代码输入一下试试。注意，只要有一个错误字符程序就无法正确运行，所以请慎重输入。第 3 行和第 4 行开头有两个半角空格，这是有特定意义的，所以不能省略。输入后，将文件命名为 ch5-1.py 保存（本书程序的命名规则为"章节"的英文（chapter）前两个字母，再加程序名。例如，第 5 章第 1 个程序 5-1 命名为 ch5-1.py），Python 程序文件的扩展名一般是 .py。保存时须注意以下两点。

1）为了避免文件扩展名变为 .txt，"保存类型"一般设为 Python(*.py)。

2）保存时请确保 ch5-1.py 文件与 j.txt 文件在同一个文件夹下。本例的保存地址为 D:\Python\Python-ex 文件夹，如图 5.2 所示。

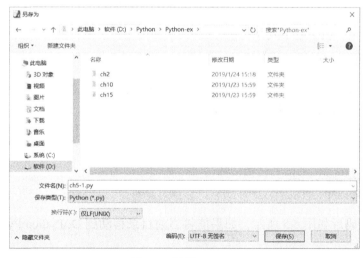

图 5.2　保存 ch5-1.py

### 5.1.2　准备工作

用文本编辑器保存 Python 程序后，下面介绍如何运行程序。为了运行 Python 程序本书以 Windows 的"命令提示符"为例进行讲解（使用 UNIX、Linux、Mac 系统的读者可以使用"终端"运行）。

"命令提示符"是使用命令操作计算机的工具，类似于磁盘操作系统（DOS）。当然也可以使用其他工具运行 Python 程序。因为用"命令提示符"来运行 Python 是最简单的，所以这里使用"命令提示符"。本书围绕运行 Python 程序所必要的命令，简单介绍命令提示符（"终端"的命令与"命令提示符"的不同）。

同时按下 <Windows> 键（<Ctrl> 和 <Alt> 中间的键）和 <r> 键，打开"运行"对话框，如图 5.3 所示。然后在"打开"文本框中输入"cmd"，再单击"确定"按钮，弹出如图 5.4 所示的"命令提示符"初始界面（默认是黑色界面，为了便于观看本书改为白色界面）。

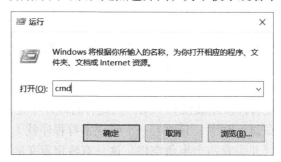

图 5.3 "运行"对话框

图 5.4 "命令提示符"初始界面

成功启动的话，会显示下列字符串（Users 后面的用户名是自己计算机的用户名）。

```
C:\Users\liwenping>
```

现在的状态表示命令提示符在等待输入（与 Python 交互式命令行中的 >>> 提示符的作用相同）。C:\Users\liwenping 表示当前文件夹的位置。

下面来做运行 Python 程序前的准备工作。首先更改当前文件夹的位置为练习用的文件夹。请依次执行以下两行代码，按 <Enter> 键执行。

```
C:\Users\liwenping> □ d:
D:\>cd □ D:\Python\Python-ex
```

执行上述代码后如图 5.5 所示，如果能将当前目录移动到 D:\Python\Python-ex 文件夹，即表示运行成功。

图 5.5 更改当前文件夹

说明：每次都将提示符写为 D:\Python\Python-ex> 很麻烦，因此后面的代码中简写为 >。

### 5.1.3　程序运行

在图 5.5 所示的状态下输入以下代码运行程序。

```
> □ python □ ch5-1.py
```

运行结果如图 5.6 所示，显示的是 j.txt 文件的内容。

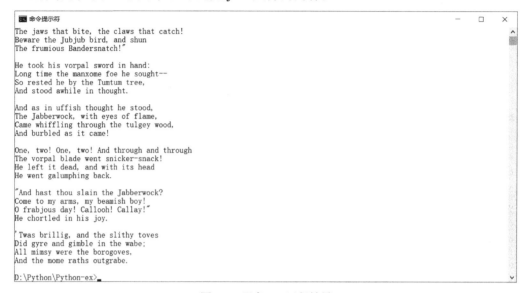

图 5.6　程序 5-1 运行结果

### 5.1.4　错误处理

如果未成功显示 j.txt 文件的内容而出现错误信息时不必惊慌。编写程序时，从头到尾完全没有错误基本上是不可能的，出现错误很正常。因此，掌握出现错误时的应对方法是非常重要的。错误信息大多以英文显示，有时还会以系统语言显示。如第 4.5.3 小节所述，错误信息中包含如何解决问题的提示，要认真阅读力求理解。

出现错误大体有以下两种情况。

情况 1：未能成功启动程序。

情况 2：虽然成功启动程序，但是程序内容有错误（Bug）不能正常运行，导致程序中止。

若是第 1 种情况，在中文 Windows 系统中可能会出现 "python: can't open file 'ch5-1.py': [Errno 2] No such file or directory" 等错误信息。这时可能有以下 4 个原因。

1）未成功安装 Python。

2）未成功设置 PATH。

3）未正确保存 Python 程序。

4）未将当前文件夹改为练习文件夹。

按第 4.2 节 Python 的安装操作如果没有报错的话，可以排除原因 1）。如果在"命令提示符"中输入"python",然后按 <Enter> 键执行。若能够显示 Python 版本等信息的话,可以排除原因 2)。若显示不了,说明安装时没有成功设置 PATH。设置 PATH 的方法稍微复杂,最简单的解决办法就是卸载 Python 后重新安装,安装时参照图 4.3 选中"Add Python 3.7 to PATH"复选框,这样就可以解决原因 2)产生的问题。关于原因 3),打开 D:\Python\Python-ex 文件夹后,如果文件夹下没有 ch5-1.py 文件的话,说明未将程序保存到正确的位置,重新保存 ch5-1.py 即可。最后关于原因 4),请再次确认当前文件夹是否是"D:\Python\Python-ex"。如果不是的话,依次执行下面两行代码。

```
>□d:
>cd□D:\Python\Python-ex
```

另外,dir 命令可以显示现在所在文件夹中的所有文件。输入"dir"后按 <Enter> 键执行,确认结果中是否包含 Python 的应用程序 ch5-1.py 和 j.txt 数据文件,如图 5.7 所示。

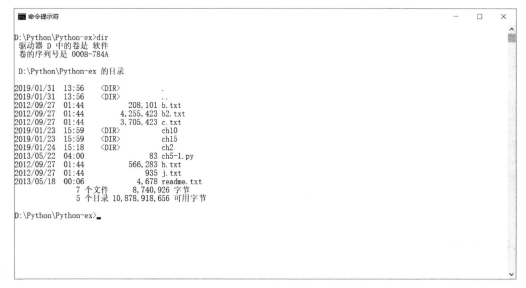

图 5.7 输入 dir 命令后的结果

若是第 2 种情况,即成功启动 Python,但是程序内容有错误不能正常运行,导致程序中止时,应该首先会出现如下的英文错误信息。

```
Traceback □ (most □ recent □ call □ last):
```

出现该情况时,请重新用编辑器编写程序内容,一字一句地核对,确认包括引号、冒号等符号在内是否正确输入,注意不要掺杂汉字内容(包括符号空格等)。

错误提示信息中写有错误所在行数。例如,如果显示下列信息,则表示错误出现在程序的第 3 行。

```
□□File "ch5-1.py", □line□3, □in□<module>
```

因此,首先检查程序 5-1 的第 3 行,确认其是否正确输入。不过第 3 行发生错误并不一定是第 3 行输入错误。例如,有时第 2 行输入错误,第 3 行作为其运行结果行也可能出现错误,因此最好也要检查一下错误行的前后几行。改正后重新保存到练习用的文件夹中。

如果出现如下错误，并不是因为程序的输入出现错误，而是因为找不到 j.txt 数据文件。

```
Traceback (most recent call last):
  File "ch5-1.py", line 1, in <module>
    datafile = open('j.txt', encoding = 'utf-8')
FileNotFoundError: [Errno 2] No such file or directory: 'j.txt'
```

再次确认程序 5-1 文件和 j.txt 文件是否在同一个文件夹中。

## 5.2　添加注释

在编写程序时，可以适当添加注释。注释就像笔记一样，有助于阅读程序的人理解。注释对程序的运行没有影响。Python 使用 # 号表示注释的开始，# 号之后的内容即为注释。

若想为程序中某一段代码添加注释，通常将注释写在该代码的前面；若要对特定行加注释，通常将注释写在该行的右侧。

**程序 5-2**

```
1  # display file content
2
3  datafile = open('j.txt', encoding = 'utf-8')
4  for line in datafile:
5    line = line.rstrip() # remove line break
6    print(line)
```

程序 5-2 中在第 1 行和第 5 行添加了注释。分享程序代码时，注释会发挥非常重要的作用；即使代码只有自己使用时，也应添加注释，这样有助于以后能快速回忆起编写时的意图。

注释也可以用汉语写，但需要做一些准备工作，因为必须将字符编码事先声明。例如，用 GB2312 编写代码时，需在代码最前面声明以下内容（以 # 开头的行通常不会影响程序运行，不过此处例外）。

```
# -*- coding: gb2312 -*-
```

同样，用 UTF-8 编写程序时须添加以下内容。

```
# -*- coding: utf-8 -*-
```

**说明：**为了能在 Windows、Linux 等多个系统之间顺利阅读，建议使用 UTF-8 编码。

以下面的程序 5-3 为例，尝试用汉语添加注释。

**程序 5-3**

```
1  # -*- coding: utf-8 -*-
2  # 迈出编程第一步
3  # 显示文件内容
4
5  datafile = open('j.txt', encoding = 'utf-8')
6  for line in datafile:
7    line = line.rstrip() # 去掉行末换行符
8    print(line)
```

**注意**：编写完上述程序进行保存时也需要使用 UTF-8 编码保存文件。如果第 1 行声明程序编码为 UTF-8，但实际保存时却使用 GB2312 的话，程序将无法正常运行。以指定字符编码保存文件的方法请参照 2.3.3 节图 2.11。

**说明**：本书后面的 Python 程序中出现汉语时，都用 UTF-8 编码保存文件。Python 3 中 UTF-8 为系统默认字符编码，因此编写时开头的字符编码可以省略。

## 5.3    结果保存

程序 5-1 的运行结果如图 5.6 所示，是显示在屏幕上的。对于语言研究者来说，对数据进行加工、分析时，程序的运行结果仅仅显示在屏幕上是不够的，很多时候是需要将运行结果保存为文本文件的。虽然数据量不大时，可以将画面显示的运行结果复制粘贴到文件中，但是这样操作费时费力。保存运行结果还有更方便的方法，代码如下。

```
python□程序名□>□结果文件名
```

该功能并不是 Python 具有的，而是 Windows 命令提示符附带的功能（在 Linux 和 Mac 系统的"终端"里也可以使用）。这里的">"符号可以理解为"重定向输出"，其后的"结果文件名"就是保存的目标文件。此时，运行结果不在画面上显示。例如，想以 result.txt 文件保存程序 5-1 的运行结果时，按下面方法输入（行首的">"为提示符不用输入）。运行结果保存界面如图 5.8 所示。

```
>□python□ch5-1.py□>□result.txt
```

图 5.8    运行结果保存界面

**注意**：使用含有提示符运行程序时，如果提示符没有再次出现，表示的是"之前的程序还没有运行结束"，在程序没有结束前千万不要终止程序，否则得到的结果是不完整的，不能用不完整的结果进行分析。特别是对百万词或者几亿词的数据进行操作时，可能需要的时间较长，此时需要耐心等待程序结束。

执行程序 5-1 只需要几秒钟的时间，程序正常运行结束的话，D:\Python\Python-ex 文件夹下会生成一个 result.txt 文件。程序 ch5-1.py 只表示 j.txt 的内容，所以 result.txt 文件中的内容应该与 j.txt 相同。用 EmEditor 等编辑器确认一下 result.txt 文件内容。

另外，保存结果时需要注意一点，如果文件夹下有与输出文件（这里是 result.txt）同名的文件时，程序会在没有任何提示的情况下覆盖原文件。因此，需认真确认同一文件夹下是否存在同名文件。

## 5.4    程序分析

程序 5-1 中还有许多我们尚未接触的功能，目前阶段没有必要全部理解，但对于各行代码具体完成什么样的操作，在这里简要地说明一下。

```
1    datafile □ = □ open('j.txt', □ encoding □ = □ 'utf-8')
```

第 1 行表示以 UTF-8 编码打开 j.txt 文件（引号里表示的是作为字符串读取），并将文件内容赋值给 datafile 变量。第 4 章介绍了数值、字符串两种数据类型，Python 中还有其他多种数据类型，"文件"也是其中一种，它可以像数值或者字符串一样进行赋值操作。把这行代码应用到别的程序时，只需要修改文件名，也就是 j.txt 部分就可以了。

```
2    for □ line □ in □ datafile:
```

第 2 行表示将 datafile 的各行暂时命名为 line，反复执行冒号以下的操作。这条代码让程序的第 3 ～ 4 行操作一直执行，直到文本文件的所有行被读取完为止。可以看出，这是一条循环代码。循环这一概念在任何编程语言中都是重中之重，第 7 章会详细介绍。

第 3 ～ 4 行行首有两个空格（即缩进），该缩进表示循环的范围。缩进不仅仅是外在格式，其对 Python 语法也起到决定性作用，所以不可以省略（在其他编程语言中，函数的范围一般用花括号"{ }"表示，缩进只是为提高程序的可读性）。Python 规定缩进，但是不规定缩进的形式，因此缩进空格的数量可以根据个人喜好决定。缩进也可以用 <TAB> 键代替空格，同一程序内格式统一即可。本书统一缩进两个空格。

```
3    □□ line □ = □ line.rstrip()
```

第 3 行表示删除文末的换行（准确地说，不仅会删除换行，还会删除行末的空白字符等，因此如果想保留行末的空白字符时需要注意）。如第 2 章所述，计算机中换行符也是一种字符，一行一行地划分文本文件时，每行行末都有一个换行符（有时最后一行行末可能没有）。操作时如果没有处理好这些字符，很容易造成错误，因此像这样在最开始删除换行符更易于操作。

```
4    □□ print(line)
```

第 4 行代码的意思是显示 line。在第 4 章的交互式命令行的操作中，输入变量名后执行程序，结果就会显示在屏幕上，但是在脚本程序中想显示变量的内容时，需要使用 print( ) 函数。

第 3 行的代码是删除每行行末的换行符，便于进行其他各类操作，程序 5-1 中没有进行其他操作而只是将每行的内容再次输出。print( ) 函数默认的是在每个输出的字符串末尾添加一个换行符，所以输出的内容与原始文件相同。读者也可以试试如果没有第 3 行代码，输出结果会是怎样？并想想原因。

## 5.5　本章小结

为了可以反复使用 Python 代码，本章介绍了用文本编辑器编写并保存 Python 程序的方法，以及用"命令提示符"运行 Python 程序的方法。虽然运行结果可直接显示在屏幕上，但是对于大多数语言研究者来说，保存运行结果是非常重要的。因此本章还介绍了使用"命令提示符"保存运行结果的方法。最后，介绍了在程序中添加注释的方法。

# 习题

1. 请在程序起始部分添加编程人姓名和编写日期，并保证不影响程序的运行。

2. 编写一个显示 c.txt 文件内容的程序。c.txt 文件也是本书样本文件之一，其内容是《A Tale of Two Cities》。

3. 使用 Python 将 c.txt 文件的内容保存到其他文件（如 c-copy.txt）中。并用 EmEditor 确认 c.txt 和 c-copy.txt 的内容是否一致。

4. 编写程序计算一年有多少秒，保存程序并运行。提示：想显示某变量时，将该变量名写在 print( ) 函数的括号内即可。

第6章　　　　　*Chapter 6*

# Python 的检索

第 5 章学习了用 Python 显示文本文件内容的方法，只要对这些程序稍加修改，就可以显示满足特定条件的行。所谓能显示满足特定条件的行，就是能够用 Python 进行检索。

本章将介绍根据不同条件执行不同 Python 操作的方法。首先介绍条件语句的基本构成，然后介绍实际运用条件语句检索符合条件的行。

## 6.1　if 语句

首先使用交互式命令行学习条件语句的基本知识（4.2 节已经介绍过交互式命令行的启动方法）。编写程序时，用交互式命令行确认函数的基本功能非常便利，因此写代码的过程中最好保持交互式命令行处于活动状态。

让程序执行条件语句时应使用 if 语句。if 语句的书写规则如下所示。

```
if □条件：
□□满足该条件时执行的操作
```

**注意**：if 语句最后必须有半角冒号 ":"，而且要在下一行写满足该条件时执行的操作。另外，与循环语句一样，第 2 行开始到 if 条件结束，每行行首都需要缩进，表示 if 条件的作用范围。若要终止 if 语句时，取消缩进即可。

```
if □条件：
□□满足该条件时执行的操作

主程序代码
```

if 条件结束后的一行空白行并无实际意义，只是在大段代码中适当地加入空白行更方便阅读，提高程序的可读性。

书写条件语句，首先要知道条件语句的语法，条件式中可以包含哪些元素呢？下面是比较数值大小的条件语句。

```
>>>5 □ > □ 3
True
>>>5 □ < □ 3
```

```
False
```

条件语句的返回值是布尔值，也就是说，条件语句的返回值要么是 True（真），要么是 False（假），只有这两种值（注意首字母要大写）。就像输入 "5＋3" 会得到8一样，输入 "5＞3" 会返回 True，输入 "5＜3" 会返回 False，只有这两种可能。当且仅当返回值为 True 时，才会执行 if 语句的后续操作。

用交互式命令行的形式输入下面的实例试一下。多行语句与单行语句的显示方法稍有不同。例如，编写像 if 条件语句这样的多行语句时，只有所有代码全部输入完成后，才会出现计算结果。在代码没有输入完成的时候出现的是继续输入提示符（...）。注意：第 2 行之后，每一行前面需要有表示缩进的空格。

多行语句代码输入完成后，按两下 <Enter> 键留出空白行，这样 Python 才会认为多行语句输入完成，运行并显示结果。

```
>>>temperature □ = □ 35
>>>if □ temperature □ > □ 30:
... □□ print ("It's □ hot!")
...
It's □ hot!
```

输入以上代码后，会显示 "It's □ hot!" 的输出结果，表示程序运行成功。接下来，将 temperature > 30 改为 temperature < 5，修改执行语句如下。

```
>>>temperature □ = □ 35
>>>if □ temperature □ < □ 5:
... □□ print ("Brrr! □ It's □ cold!")
...
```

此时 "命令提示符" 显示 "准备完成，请输入" 的状态。因为修改后，变量 temperature 不满足 if 语句的条件，因此不执行 if 语句的后续代码，因此屏幕上不显示任何信息，重新回到 "准备完成，请输入" 的状态。

尝试给 temperature 赋予其他值。当 temperature = 3 时，满足 temperature < 5 的条件，if 语句的后续代码会被执行，运行结果如下。

```
>>>temperature □ = □ 2
>>>if □ temperature □ < □ 5:
... □□ print ("Brrr! □ It's □ cold!")
...
Brrr! □ It's □ cold!
```

if 语句除了可以用于比较数值大小外，也可以用于判断是否相等。在很多编程语言中，"=" 表示赋值，"= =" 表示相等，Python 也不例外。尝试输入并运行下面的程序。

```
>>>a □ = □ 8
>>>if □ a □ = □ 8:
... □□ print ("a □ is □ exactly □ 8.")
...
a □ is □ exactly □ 8.
```

**注意**：切记注意区分 "=" 与 "= ="，将 "= =" 误写为 "=" 就会导致运行错误。

## 6.2　字符串语句

本节将介绍几个常用于处理字符串的条件语句。与数值一样，字符串也可以用"＝＝"来检验字符串是否相同，如下例所示。

```
>>>word□=□'lion'
>>>word□=□=□'lion'
True
>>>word□=□=□'tiger'
False
```

此外，还有几个字符串特有的运算符和函数，如 in、startswith( ) 和 endswith( )。这些运算符和函数非常实用，接下来逐一介绍。

### 6.2.1　运算符 in

运算符 in 是在处理字符串时非常方便的运算符之一，用于检查某字符串中是否包含特定的字符串。检查字符串 B 中是否包含字符串 A 的条件语句如下。

```
字符串 A□in□字符串 B
```

例如，检查 mystery 中是否包含 e 或者 i 等字符时，可以按照下列方式输入。

```
>>>word□=□'mystery'
>>>'e'□in□word
True
>>>'i'□in□word
False
```

下面的代码表示 sentence 变量中如果有 the 这一字符串时，则显示该 sentence 的内容。6.5 节将详细介绍用该功能进行简单检索的方法。

```
>>>sentence□=□'I□saw□the□sky.'
>>>if□'the'□in□sentence:
...□□print(sentence)
...
'I□saw□the□sky.'
```

### 6.2.2　startswith( ) 函数与 endswith( ) 函数

startswith( ) 函数用以判断文本是否以某个字符串开始，endswith( ) 函数用以判断文本是否以某个字符串结束。

startswith( ) 和 endswith( ) 函数的写法与之前学习过的 len( ) 函数稍有不同，在想检查的字符串后加终止符"."再写函数名称。判断字符串 A 是否以字符串 B 开始的书写方式如下。

```
字符串 A.startswith(字符串 B)
```

例如，判断单词 uninteresting 是以 un 开始还是以 in 开始，是否以 ing 结束，具体代码如下。

```
>>>word □ = □ 'uninteresting'
>>>word.startswith('un')
True
>>>word.startswith('in')
False
>>>word.endswith('ing')
True
```

startswith( ) 这种在变量名后写参数的函数也被叫作 "方法"（method）。

## 6.3 not，and，or

本节将介绍否定条件、多个条件组合以及指定复杂条件的用法。

### 6.3.1 否定：not

在某条件语句前加 not，返回值 True 和 False 就会颠倒，即如果条件为真则返回 False，如果条件为假则 True。如下面的程序所示，a = 5，b = 8，"a < b" 的返回值是 True，"not a < b" 的返回值为 False。

```
>>>a □ = □ 5
>>>b □ = □ 8
>>>a □ < □ b
True
>>>not □ a □ < □ b
False
```

前面介绍过用 in 可以表示变量 sentence 中包含字符串 the，如下代码所示。

```
'the' □ in □ sentence
```

同理，如果想表示句子中不包含字符串 the 时，可以用 not 按照下列方式编写代码。

```
>>>sentence □ = □ 'I □ have □ a □ pen.'
>>>if □ not □ 'the' □ in □ sentence:
... □□ print (sentence)
...
'I □ have □ a □ pen.'
```

### 6.3.2 与关系：and

同时满足两个及两个以上条件时使用 and。例如，检索以 un 开头并且以 able 结尾的单词时，可以使用 and 连接 startswith( ) 函数和 endswith( ) 函数，具体代码如下。

```
>>>word □ = □ 'unthinkable'
>>>if □ word.startswith('un') □ and □ word.endswith('able'):
... □□ print (word)
...
unthinkable
```

再如，检索除了 qu 以外以 q 开头的单词，具体代码如下。

```
>>>word □ = □ 'qatar'
>>>if □ word.startswith('q') □ and □ not □ word.startswith('qu'):
... □□ print(word)
...
qatar
```

### 6.3.3　或关系：or

or 表示两个及两个以上条件中，任意一个条件成立时，则返回值为 True。例如，检索以 ed 或者 ing 结束的单词，程序如下所示。

```
>>>word □ = □ 'uninteresting'
>>>word.endswith('ed') □ or □ word.endswith('ing')
True
```

## 6.4　else 与 elif

使用条件语句时，经常会遇到符合条件情况下执行 A 操作，不符合条件情况下执行 B 操作的情况。例如，句子中含有字符串 the 时显示 yes，不含有时显示 no，这时就可以使用 else 语句。else 语句经常与 if 一起使用，表示"否则……"，语法格式如下。

```
if 条件：
□□符合条件执行 A 操作
else:
□□不符合条件执行 B 操作
```

虽说 else 语句一般与 if 语句一起使用，但是没有 else 语句 if 语句也可以单独使用。if 语句与 else 语句结尾必须加半角冒号 "："。此外，else 的位置与 if 的位置也要保持一致，因为 else 条件与 if 条件是并列关系，else 不是 if 语句的一部分。else 之后需要执行的代码再次缩进。

例如，句子中含有字符串 the 时显示 yes，不含有时显示 no，具体代码如下。

```
if □ 'the' □ in □ sentence:
□□ print('yes')
else:
□□ print('no')
```

另外，如果想进一步细化 else 中的情况时，可以使用 elif 语句。例如，Mary 问 James："Peter 在干什么？" James 回答："如果 Peter 在宿舍的话，他就在睡觉；如果不在宿舍而在教室的话，他就在玩手机；既不在宿舍也不在教室的话，那他就在食堂吃饭。"elif 的语法格式如下。

```
if 条件 A:
□□符合条件 A，执行 A 操作
elif 条件 B:
□□不符合条件 A 但符合条件 B，执行 B 操作
else:
```

□□既不符合条件 A 也不符合条件 B，执行 C 操作

理论上，elif 语句可以有任意个。但是，一般程序不使用过多的 elif，使用过多 elif 的代码说明编写者没有很好地对条件进行归类。另外，else 语句可以没有，如果有也只能有 1 个，而且要写在 elif 的后面。尝试运行以下代码。

```
>>>a □ = □ 8
>>>if □ a □ < □ 5:
... □□ print('a □ is □ smaller □ than □ 5.')
...elif □ a □ > □ 5:
... □□ print('a □ is □ bigger □ than □ 5.')
...else:
... □□ print('a □ is □ exactly □ 5.')
```

## 6.5　if 实例

### 6.5.1　特定行输出

灵活运用本章所学的知识，对第 5 章的程序 5-1 稍加修改就能实现 Python 的 "检索" 功能。判断是否含有某字符串的条件语句在 6.2.1 小节已经介绍过了，下面来介绍编写程序输出含有字符串 the 的行。也就是说，只有满足 ""the' in line" 这一条件时执行 print(line) 这一操作。具体代码如下程序 6-1 所示。

**程序 6-1**

```
1    datafile □ = □ open('j.txt', □ encoding □ = □ 'utf-8')
2    for □ line □ in □ datafile:
3    □□ line □ = □ line.rstrip()
4    □□ if □ 'the' □ in □ line:
5    □□□□ print(line)
```

**注意**：最后一行有 4 个空格，缩进两次。

同第 5 章一样，从 "命令提示符" 开始运行 Python 脚本程序。使用 EmEditor 编写程序 6-1，正确保存（注意文件格式、编码、位置等）。然后启动 "命令提示符"，将当前文件夹移动到 j.txt 文件所在的文件夹。（具体方法请参考 5.2 节）

以上准备工作完成之后，使用以下命令运行程序。

```
> □ python □ ch6-1.py
```

出现如图 6.1 所示的运行结果即表示运行成功。

另外需要注意的是，这里所检索的 the 是 3 个并列的字符，而不是单词。也就是说，像 there 或者 weather 等含有 t、h、e 这 3 个字母并列的其他单词也可以被检索到。那么，若只想检索单词 the 时该如何操作呢？可能有人会认为只要在 'the' 的前后分别加入空格写成 '□ the □' 即可，但这是错误的（例如，the 可能位于行首，也可能被引号引用，也就是说 the 前后不一定都有空格）。解决该问题的一个方法就是使用正则表达式。Python 程序中运用正则表达式的方法将在第 11 章介绍。还有一个方法就是运用 split( ) 或者 rstrip( ) 等字符串处理函数，该方法将在第 8 章介绍。

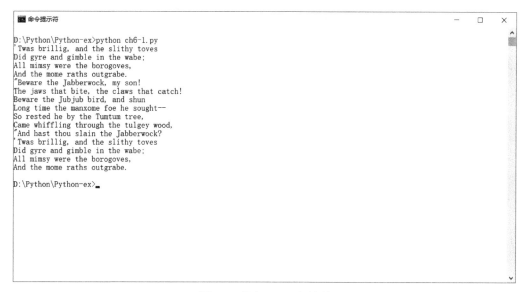

图 6.1  程序 6-1 运行结果

## 6.5.2  字母大小写

还有一点需要注意的是，Python 中严格区分大小写。也就是说，程序 6-1 能检索 the，却不能检索 The。那么，若想不区分大小写进行检索该如何操作呢？一种方法就是使用 or 运算符连接 the 和 The 两个字符串。可以按照以下例子修改程序 6-1。

```
1    datafile □ = □ open('j.txt', □ encoding □ = □ 'utf-8')
2    for □ line □ in □ datafile:
3    □□ line □ = □ line.rstrip()
4    □□ if □ 'the' □ in □ line □ or □ 'The' □ in □ line:
5    □□□□ print(line)
```

该方法虽然能实现不区分大小写进行检索，但是每次都需要罗列检索单词的大写和小写，比较烦琐。更好的方法就是使用 lower( ) 函数。该函数可以将字符串中所有字符转为小写。在编写程序之前，可以使用下面的交互式命令行方式确认一下 lower( ) 函数的用法。

```
>>>word □ = □ 'The'
>>>word.lower()
'the'
>>>sentence □ = □ 'I □ am □ OK'
>>>sentence.lower()
'i □ am □ ok'
```

运用 lower( ) 函数改写 if 条件语句的话就能实现不区分大小写进行检索了，如程序 6-2 所示。

### 程序 6-2

```
1    datafile □ = □ open('j.txt', □ encoding □ = □ 'utf-8')
2    for □ line □ in □ datafile:
3    □□ line □ = □ line.rstrip()
```

```
4    □□ if □ 'the' □ in □ line.lower():
5    □□□□ print(line)
```

### 6.5.3 删除空行

应用目前学过的知识，就可以删除文件中空行。程序 6-1 能够实现"只输出包含 the 的行"的操作，对其稍做修改，就可以实现"只输出非空行"操作，这就相当于删除空行。那么，"非空行"的条件该如何编写呢?

可以用以下代码表示空字符串。

```
''
```

所以，表示"变量 line 是空字符串"的代码如下。

```
line □ = = □ ''
```

"非空"是否定条件，所以代码如下。

```
not line □ = = □ ''
```

综上所述，删除空行的程序可以按照以下方式编写，其中最重要的条件语句在第 6 行。

**程序 6-3**

```
1    # □ -*- □ coding: □ utf-8 □ -*-
2
3    datafile □ = □ open('j.txt', □ encoding □ = □ 'utf-8')
4    for □ line □ in □ datafile:
5    □□ line □ = □ line.rstrip()
6    □□ if □ not □ line □ = = □ '': □ # □如果非空行的话
7    □□□□ print(line) □ # □输出
```

j.txt 文件中包含空白行，请试一试能否成功将其删除。如果想将运行结果保存到文件中，请复习 5.2.2 小节中保存文件的方法。例如，想将运行结果保存到 result.txt 文件中，请在"命令提示符"中输入以下命令。

```
> □ python □ ch6-3.py □ > □ result.txt
```

另外，程序 6-3 的第一行添加了"# □ -*- □ coding: □ utf-8 □ -*-"语句，表示编码注释。在 Windows 系统下，经常会出现乱码。为了解决这个问题，一般在程序开头添加编码注释。

## 6.6 本章小结

本章介绍了 if 语句的使用，以及使用 and、or、not 构建相对复杂的条件的方法。此外，还介绍了不符合条件时 else 和 elif 语句的使用方法。最后介绍了使用 if 语句编写简单检索程序的方法。

## 习题

1. 请找出以下各程序中的错误。

```
1    temperature □ = □ -5
2    if □ temperature □ < □ 0:
3    print('Brrr! □ It □ is □ cold!')
```

```
1    n □ = □ 100
2    if □ n □ = □ 100:
3    □□ print('n □ is □ exactly □ 100!')
```

```
1    n=-5
2    if □ n>0:
3    □□ print('n □ is □ a □ positive □ number.')
4    else □ n<0:
5    □□ print('n □ is □ a □ negative □ number.')
```

2. 读取 j.txt 文件，只显示以句号结尾的行（提示：使用 endswith( ) 函数）。

3. 读取 j.txt 文件，只显示其中不包含字符串 the 的行（提示：使用 not 运算符）。

4. j.txt 文件中有 30 个字符以上的行，试编写一个只显示这些行的程序（提示：首先思考如何表示"字符串长度大于 30"这一条件，查看字符串长度的方法请参考 4.5.2 小节）。

# for 循环

计算机的优势之一，就是可以不知疲倦、不厌其烦地重复相同的操作。像这样不断重复相同操作的功能就是"循环"。

用 Python 执行循环操作的方法有几个，本章主要围绕其中最重要的 for 循环语句进行讲解。首先介绍 for 循环语句的基本知识，然后介绍根据条件终止循环的方法。如果能熟练使用循环语句的话，就能自由地为数据加行号，自由地从数据中抽取所需要的行。

## 7.1  循环的基础知识

第 5 章中的程序 5-1 已经使用过 for 循环语句，实现了"对文本文件中各行重复执行相同操作"这一功能。下面再次打开程序 5-1。第 2 行使用的是 for 循环语句，第 3 行和第 4 行缩进 2 个空格，表示的是循环的具体内容。

**程序 5-1**

```
1    datafile □ = □ open('j.txt', □ encoding □ = □ 'utf-8')
2    for □ line □ in □ datafile:
3    □□ line □ = □ line.rstrip()
4    □□ print(line)
```

for 循环语句的语法规则如下。

```
for □变量 A □ in □变量 B:
□□对变量 A 进行的操作
```

变量 B 可以是文件、字符串，以及第 8 章之后介绍的列表、词典等。当变量 B 是文件时，for 循环语句会自动表示"对各行进行操作"，也就是说，操作的单位是"行"。当变量 B 是字符串时，操作的单位会自动变为"字符串中的每个字符"。

变量 A 是用于循环的变量，虽然可以自由命名，但是最好能够体现其意义。如前所述，如果变量 B 是文件，变量 A 就会自动成为文件各行对应的字符串。所以，很多程序员喜欢使用"for □ line □ in □ datafile:"这样的表达。

**注意：**与 if 语句相同，for 语句的句末也要加半角冒号"："。此外，编写 for 循环语句时也需要缩进。

假如有一个 4 行内容的 d.txt 文件和一个 5 行代码的脚本程序，两个文件的具体内容和输出结果如下所示。

d.txt

> bai ri yi shan jin,
> huang he ru hai liu.
> yu qiong qian li mu,
> geng shang yi ceng lou.

脚本程序

```
1    datafile □ = □ open('d.txt', □ encoding □ = □ 'utf-8')
2    for □ line □ in □ datafile:
3    □□ line □ = □ line.rstrip()
4    □□ print(line)
5    print('done!')
```

输出结果

> bai ri yi shan jin,
> huang he ru hai liu.
> yu qiong qian li mu,
> geng shang yi ceng lou.
> done!

首先，看一下程序每行代码的意思。第 1 行表示将 d.txt 文件读入变量 datafile；第 2 行是 for 循环条件判断语句；第 3 行和第 4 行前面有 2 个空格的缩进，因此是 for 循环执行的操作语句；第 5 行前面没有缩进，表示的是循环结束后的操作，输出 "done！"。

下面来重点看一下第 2 ~ 4 行的 for 循环语句，了解一下 for 循环的具体执行过程。第 2 行，for 循环的操作对象是文件，因此 line 表示的是文件中的每一行。

第 1 次操作：操作对象是 d.txt 的第 1 行 "bai ri yi shan jin,"，此时 for 循环条件（程序第 2 行）为 True，所以执行程序的第 3 行和第 4 行，即将去掉换行符后的字符串赋值给变量 line（程序第 3 行操作），然后输出 line（程序第 4 行操作）。第 1 次操作结束。

第 2 次操作：操作对象是 d.txt 的第 2 行 "huang he ru hai liu."，此时 for 循环条件依然为 True，所以执行程序的第 3 行和第 4 行，输出 "huang he ru hai liu."。

第 3 次操作和第 4 次操作：操作对象分别是 d.txt 的第 3 行和第 4 行，for 循环条件为 True，所以分别输出 "yu qiong qian li mu," 和 "geng shang yi ceng lou."。

第 4 次操作结束后，d.txt 文件中的 4 行内容已经全部操作完成，没有可操作的行。此时程序第 2 行的 for 循环条件为 False，循环结束，接着执行程序第 5 行。

条件语句中，只执行一次操作。但是 for 循环中，只要满足循环条件，就会执行循环范围内的操作，直到循环条件为 False，这一点很重要。

## 7.2 循环控制语句

Python 中除了 for 语句外还有其他几个控制循环的命令。例如，根据条件跳过当前循环中剩下的语句，执行下一次循环；或者遇到特定条件则终止循环，执行循环后面的语句。前者使用 continue，后者使用 break。

### 7.2.1 跳过当前循环：continue

continue 是用于循环的语句，表示"跳过当前循环中剩下的语句，执行下一次循环"。还以上一节中的 d.txt 文件为例，具体说明一下 continue 的用法。d.txt 文件和一个 7 行代码的脚本程序，以及输出结果如下所示。

d.txt

```
bai ri yi shan jin,
huang he ru hai liu.
yu qiong qian li mu,
geng shang yi ceng lou.
```

程序

```
1    datafile □=□ open('d.txt', □ encoding □=□ 'utf-8')
2    for □ line □ in □ datafile:
3    □□ line □=□ line.rstrip()
4    □□ if □ 'yu □ qiong' □ in line:
5    □□□□ continue
6    □□ print(line)
7    print('done!')
```

输出结果

```
bai ri yi shan jin,
huang he ru hai liu.
geng shang yi ceng lou.
done!
```

程序对 d.txt 文件前两行处理时，第 2 行 for 循环条件为 True，执行第 3 行，然后判断 if 条件。此时，if 条件为 False，所以不执行第 5 行，直接执行第 6 行。当程序对 d.txt 第 3 行 "yu qiong qian li mu,"进行操作时，首先 for 循环条件为 True 执行第 3 行，接着执行第 4 行，判断 if 条件。此时，if 条件为 True，因此执行第 5 行 continue 语句。这时跳过循环剩下的语句（本例中只有第 6 行），然后执行下一次循环，输出 "geng shang yi ceng lou."。最后，for 循环结束，输出 "done!"。

一般什么时候使用 continue 语句呢？例如，想删除文本文件中的空白行时可以考虑使用 continue 语句。第 6 章程序 6-3 介绍过如下的删除文本文件中空白行的方法。

```
1    # □ -*- □ coding: □ utf-8 □ -*-
2
3    datafile □ = □ open('j.txt', □ encoding □ = □ 'utf-8')
4    for □ line □ in □ datafile:
5    □□ line □ = □ line.rstrip()
6    □□ if □ not □ line □ = = □ '': □ # □如果非空行的话
7    □□□□ print(line) □ # □输出
```

该功能也可以使用 continue 语句按下列代码编写实现。

**程序 7-1**

```
1    # □ -*- □ coding: □ utf-8 □ -*-
2
3    datafile □ = □ open('j.txt', □ encoding □ = □ 'utf-8')
4    for □ line □ in □ datafile:
5    □□ line □ = □ line.rstrip()
6
7    □□ if □ line □ = = □ '': □ # □如果空行的话
8    □□□□ continue □ # □执行下一次循环
9
10   □□ print(line)
```

虽然本例不使用 continue 也可以实现，但是有的复杂程序使用 continue 会更方便一些。

## 7.2.2　循环中止：break

break 命令用于终止循环。同样，还以 d.txt 文件为例，看一下 break 的用法。

d.txt

```
bai ri yi shan jin,
huang he ru hai liu.
yu qiong qian li mu,
geng shang yi ceng lou.
```

程序

```
1    datafile □ = □ open('d.txt', □ encoding □ = □ 'utf-8')
2    for □ line □ in □ datafile:
3    □□ line □ = □ line.rstrip()
4    □□ if □ 'yu □ qiong' □ in line:
5    □□□□ break
6    □□ print(line)
7    print('done!')
```

输出结果

```
bai ri yi shan jin,
huang he ru hai liu.
done!
```

从输出结果可知，程序对 d.txt 文件的第 3 行进行操作时，if 条件为 True，执行 break 语句直接终止循环，然后执行循环后面的第 7 行操作。

同样地，什么时候使用 break 语句呢？看一个具体实例吧。比如，编写一个程序用来查看《A Tale of Two Cities》（c.txt）中是否含有字符串"nice"，含有的话用"yes"表示。下面的程序如何？

```
1    #-*-coding:□ utf-8 □ -*-
2
3    datafile □ = □ open('c.txt', □ encoding □ = □ 'utf-8')
4    for □ line □ in □ datafile:
5    □□ line □ = □ line.rstrip()
6    □□ if □ 'nice' □ in □ line: □ # □如果含有 nice
7    □□□□ print('yes!') □ # □ 显示 'yes!'
```

该程序进行的操作是只要 line 中含有字符串 nice 的话就显示 yes。进一步解读就是文本中有多少字符串 nice，就输出多少 yes。但是，实际上我们关心的是文本中有 nice 还是没有 nice 的问题。这时只要找到一个 nice 就可以结束工作了。因此，为了更高效地实现该工作，可以参考以下代码。

**程序 7-2**

```
1    #-*-coding:□ utf-8 □ -*-
2
3    datafile □ = □ open('c.txt', □ encoding □ = □ 'utf-8')
4    for □ line □ in □ datafile:
5    □□ line □ = □ line.rstrip()
6    □□ if □ 'nice' □ in □ line: □ # □如果含有 nice
7    □□□□ print('yes!') □ # □ 显示 'yes!'
8    □□□□ break □ # 终止循环
```

## 7.3 循环应用

本节将介绍使用循环实现计数与标记功能。这两个功能非常重要。

### 7.3.1 添加行号

在文件开头添加行号是应用计数功能一个非常好的例子。使用计数功能的基本方式如下（变量 counter 是为了更容易理解其意思而起的名字，也可以根据个人喜好命名）。

```
counter □ = □ 0 □ # □将计数器设置为 0
for □ line □ in □ datafile:
□□ counter □ += □ 1 □ # □计数器加 1
□□使用计数器的操作……
```

首先，定义一个计数器变量，命名为 counter，并且设置其初始值为 0。

然后，每执行一次循环都最先执行 counter += 1 这一操作。counter += 1 和 counter = counter + 1 一样，表示把 counter 加 1 后的数值再次赋给 counter（+= 的用法请参考第 4.4.2 小节内容）。因为每执行一次循环都最先执行 counter += 1 这一操作，所以处理第 6 行时

counter 的值为 6；处理第 25 行时 counter 的值就会变成 25；处理第 $i$ 行时 counter 的值就会变成 $i$。也就是说，程序处理了几行操作，counter 就会显示几。因此，可以利用该功能添加行号。

　　使用 print( ) 函数将数值变量 counter 与字符变量 line 一起输出，就实现了添加行号这一操作。但是，正如之前提到的，数值变量和字符变量不能直接做加法。因此，首先使用 str( ) 函数统一两个变量的类型，然后再将二者结合并输出（str( ) 函数的用法请参考第 4.5.4 小节）。具体代码可以参考以下内容。

```
　　print(str(counter) + ' ' + line)
```

　　该代码表示将 counter 转换为字符串后与 line 结合作为一个整体，对其执行 print 操作。另外，在 str(counter) 和 line 之间插入空格，是为了便于读取。

　　显示行号的完整程序如下所示。

　　**程序 7-3**

```
1    # -*- coding: utf-8 -*-
2    # 显示行号
3
4    datafile = open('j.txt', encoding = 'utf-8')
5    counter = 0   # 定义计数器 counter 并设置为 0
6    for line in datafile:   # 对文件每行内容进行以下操作
7        counter += 1   # 每次循环，首先计数器加 1
8        line = line.rstrip()
9        print(str(counter) + ' ' + line)   # 输出行号和每行内容
```

　　从打开"命令提示符"开始，然后移动程序到当前文件夹，最后运行程序，看看能否成功为每行添加行号。如果出现错误，请参考第 5.1.4 小节确认程序中是否有错误，以及是否正确保存了程序文件等内容。

## 7.3.2　部分文件的输出

　　计数功能还有许多其他用法。例如，有时文件过大，需要一部分一部分地分别处理数据，这时可以使用计数功能。再如，需要输出文件的部分内容时也可以使用计数功能。

　　那么，只显示文件的前 10 行内容，该如何操作呢？这时计数器不用于添加行号，而是用于终止循环。也就是说，当计数器等于 10 时循环结束，翻译成中介语就是"if counter == 10，break"。具体程序代码如下。

　　**程序 7-4**

```
1    # -*- coding: utf-8 -*-
2    # 只显示文件前 10 行内容
3
4    datafile = open('j.txt', encoding = 'utf-8')
5    counter = 0   # 定义计数器 counter 并设置为 0
6    for line in datafile:
7        counter += 1   # 每次循环，首先计数器加 1
8        line = line.rstrip()
9        print(line)
```

```
10
11   □□ #□如果计数器等于 10 则终止循环
12   □□ if□counter□==□10:
13   □□□□break
```

**注意**：最后一行代码当且仅当 if 条件为 True 时才执行，因此缩进两次。

在循环过程中，查询当前循环是第几次循环，除了本章介绍的方法外，通常还可以使用以下两种方法。

1）使用数值控制循环次数。

2）使用 enumerate( ) 函数，同时读取行号和每行的内容。

这些方法稍难，本书不做讲解，感兴趣的读者可以查阅相关书籍和网站。

### 7.3.3  关键词标记

如果想编写一个程序，该程序实现以下操作：首先完成输出 j.txt 中所有内容的功能，然后如果 j.txt 中有字符串 tree，则报告"zhao dao le!"。该程序将如何编写呢？

与第 7.2.2 小节中介绍的 break 不同，本例中需要首先显示文本文件的全部内容，所以不能在找到字符串 tree 后就马上终止循环。这种情况下，需要通过一些方法让 Python 程序记住已经找到字符串 tree。此时，需要使用"标记"这一功能。标记功能是编程中非常常见的方法之一。

本例把标记变量命名为 My_result（当然，该变量可以任意命名）。标记的使用方法如下。

首先，将 My_result 变量设定为 False（6.1 节介绍过 True 和 False 是 Python 中原本就有的变量，具有特殊意义，注意首字母要大写）。然后，在循环过程中只有满足条件时，才执行 My_result = True，也就是把 My_result 变量赋值为 True。My_result 的值一旦变为 True 后就会一直保持下去，这样就能标记出满足条件的行已经出现过。最后，再利用 if 条件语句检验 My_result 是否为 True，然后进行相应的操作。实现标记功能的程序格式如下。

```
My_result□=□False
for□line□in□datafile:
□□ if□条件：
□□□□My_result□=□True
□□ for 循环中其他操作

if□My_result:
□□My_result 为 True 时的操作
```

程序最后部分写有"if□My_result:"，表示 if 条件为 True 时执行的操作。这是一种简便的写法。该语句和下面语句的功能是一样的。

```
if□My_result□==□True:
□□My_result 为 True 时的操作
```

**注意**：第 1 行的 My_result□=□False 不能省略。如果省略的话，后面调用 My_result 变量时，可能出现"未定义变量"的错误。

例题的具体程序如下。

程序 7-5

```
1   # □ -*- □ coding: □ utf-8 □ -*-
2   # □ 确认文件中是否有字符串 tree
3
4   My_result □ = □ False □ # □ 将 □ My_result 初始值设置为 False
5
6   datafile □ = □ open('j.txt', □ encoding □ = □ 'utf-8')
7   for □ line □ in □ datafile:
8   □□ line □ = □ line.rstrip()
9   □□ print(line)
10
11  □□ if □ 'tree' □ in □ line: □ # □ 如果含有字符串 tree
12  □□□□ My_result □ = □ True □ # □ 把 My_result 赋值为 True
13
14  if □ My_result: □ # □ 当 My_result 为 True 时
15  □□ print('zhao □ dao □ le!') □ # □ 显示 'zhao □ dao □ le!'
```

## 7.3.4　空标记

下面考虑一下文件中"没有"应该如何标记。假设想编写一个程序完成以下功能。检索 c.txt 文件，如果文件中有字符串 computer 则显示"zhao dao le!"，如果文件中没有字符串 computer 则显示"mei zhao dao!"。进一步分析可知，找到字符串 computer 的话，输出"zhao dao le!"，然后就可以终止循环；如果程序执行完还没有找到 computer 的话，那么输出"mei zhao dao!"。可以参考以下代码。

程序 7-6

```
1   # □ -*- □ coding: □ utf-8 □ -*-
2   # □ 确认文件中是否有字符串 computer
3
4   My_result □ = □ False □ # □ 将 My_result 初始值设置为 False
5   datafile □ = □ open('c.txt', □ encoding □ = □ 'utf-8')
6   for □ line □ in □ datafile:
7   □□ line □ = □ line.rstrip()
8
9   □□ if □ 'computer' □ in □ line: □ # □ 如果文件中含有字符串 computer
10  □□□□ My_result □ = □ True □ # □ 把 My_result 赋值为 True
11  □□□□ print('zhao dao le!') □ # □ 显示 'zhao dao le!'
12  □□□□ break □ # □ 终止循环
13
14  if □ My_result = = False: □ # □ 当 My_result 为 False 时
15  □□ print('mei zhao dao!') □ # □ 显示 'mei zhao dao!'
```

Python 中也有其他不使用标记的方法可以完成上述操作，如使用 else。6.4 节中介绍过 else 与 if 组合使用的语句，实际上 else 也可以与 for 组合使用，编写方法如下所示。else 代码只有在 for 循环运行到最后，并且不出现 break 时才执行。如果出现 break 的话，那么不会执行 else 部分的代码。

```
for □ line □ in □ datafile:
```

```
    □□ if □ 条件:
    □□□□ break
    else:
    □□循环至最后且无 break 时执行的操作
```

运用该方法代码修改程序 7-6 如下。

```
1   # □ -*- □ coding: □ utf-8 □ -*-
2   # □ 确认文件中是否有字符串 computer
3
4   My_result □ = □ False □ # □ 将 My_result 初始值设置为 False
5   datafile □ = □ open('c.txt', □ encoding □ = □ 'utf-8')
6   for □ line □ in □ datafile:
7   □□ line □ = □ line.rstrip()
8
9   □□ if □ 'computer' □ in □ line: □ # □ 如果文件中含有字符串 computer
10  □□□□ My_result □ = □ True □ # □ 把 My_result 赋值为 True
11  □□□□ print('zhao dao le!') □ # □ 显示 'zhao dao le!'
12  □□□□ break □ # □ 终止循环
13
14  else: □ # □ 循环至最后且无 break 时
15  □□ print('mei zhao dao!') □ # □ 显示 'mei zhao dao!'
```

上述程序中第 9 ~ 12 行代码，一次没有执行时才会运行 else 语句。运行结果与之前使用标记一样。不过该方法不够直观，难于理解，编程时应该优先选择简单易懂的方法，在保证程序能正确执行后再进行优化。读者也可以把本例要查找的字符串换成 nice，检验一下运行结果。

## 7.4　本章小结

本章详细介绍了 Python 中非常重要的一个内容——for 循环的使用。首先介绍了控制循环的 continue 和 break 语句，又介绍了循环中经常使用的计数和标记两种方法。

## 习题

1. 修改程序 7-1，把下列代码写入程序中，会得出怎样的结果？实际操作检验猜测是否正确。

```
1   for □ char □ in □ 'apple':
2   □□ print(char)
```

2. d.txt 是一个只有 4 行数据的文件。执行下列程序，行 A 和行 B 分别被执行了几次？

```
1   # □ -*- □ coding: □ utf-8 □ -*-
2
3   datafile □ = □ open('sample.txt', □ encoding □ = □ 'utf-8')
4   for □ line □ in □ datafile:
5   □□ print('hello!') □ # □ 行 A
```

```
6
7    print('good□bye!')□#□行 B
```

3. 执行下列程序，程序结束时行 A 会被执行几次？（c.txt 一共有 15,790 行数据）

```
1    #□-*-□coding:□utf-8□-*-
2
3    counter□=□0
4    datafile□=□open('c.txt',□encoding□=□'utf-8')
5    for□line□in□datafile:
6
7    □□counter□+=□1
8    □□if□counter□=□=□5:
9    □□□□break
10
11   □□line□=□line.rstrip()
12   □□print(line)□#□行 A
```

4. 请编写一个跳过第 1 行从第 2 行开始输出的程序（提示：组合使用 continue 与标记或者计数方法）。

*Chapter 8*    第 8 章

# 单词一览表：列表

在处理文本时，经常需要根据已有词表对自己研究中的词汇进行分类。例如，以现代汉语常用词表为基准，检验一下十九大报告的用词情况等。处理这类工作时，首先需要Python 保存这两个词表，然后再进行相应的操作。"列表"这一变量是保存词表常用的变量之一。列表可以将一组数据作为一个变量统一命名管理。本章将介绍列表的基本使用方法，并以文本数据为对象介绍制作词汇一览表的方法。

## 8.1  列表

如果想运用 Python 同时保存 4 个字符串该如何操作呢？按照下列方法，虽然能保存 4 个字符串，但是并不能称之为好方法。

```
>>>word1 □ = □ 'SPRING'
>>>word2 □ = □ 'SUMMER'
>>>word3 □ = □ 'FALL'
>>>word4 □ = □ 'WINTER'
```

按照这种方法编写，4 个变量只是变量名相似而已，对 Python 而言是互不相干的 4 个变量。因此，不能方便地对这些单词执行统一的操作。例如，想将全部单词转换为小写时，只能按照下列方式反复使用同一函数（关于 lower( ) 函数请参考第 6.5.2 小节）。

```
>>>word1 □ = □ word1.lower()
>>>word2 □ = □ word2.lower()
>>>word3 □ = □ word3.lower()
>>>word4 □ = □ word4.lower()
```

如果只有 4 个单词的话，尚且可以使用该方法。但是实际处理文本时，通常都需要处理数万、数百万个单词，对每个单词重复这样的操作是不现实的。这时，就可以运用 Python 中的列表，把一组数据作为一个变量保存。

首先，通过交互式命令行的方式了解列表的基本用法。Python 以下列方式定义列表。

```
>>>['spring', □ 'summer', □ 'fall', □ 'winter']
```

**注意**：上例中的各元素均为字符串，因此不要忘记在单词的两边分别加单引号（''）。

列表变量与数值变量、字符串变量一样，可以进行赋值操作。例如，可以将上面 4 个变量赋值给 seasons。

```
>>>seasons = ['spring', 'summer', 'fall', 'winter']
```

这里 seasons 是由 4 个字符串组成的列表，当然也可以命名为 seasons 以外的任何名字，名字最好通俗易懂。

列表中的元素也可以是如下所示的数值。

```
>>>da_yue_fen = [1, 3, 5, 7, 8, 10, 12]
```

当然，列表中的元素也可以既包含字符串又包含数值。

另外，像数值变量、字符串变量可以进行加法运算一样，列表也可以相加。列表的加法操作与字符串类似，即连接两个列表。

```
>>>voiced = ['b', 'd', 'g']
>>>voiceless = ['p', 't', 'k']
>>>stops = voiced + voiceless
>>>stops
['b', 'd', 'g', 'p', 't', 'k']
```

## 8.1.1　列表的索引与切片

如何从列表中读取特定的元素呢？操作方法与处理字符串时相似（读取部分字符串的方法请参照 4.5 节）。在列表变量名之后，用方括号加数字就可以返回列表的指定元素。

```
>>>seasons = ['spring', 'summer', 'fall', 'winter']
>>>seasons[0]
'spring'
>>>seasons[1]
'summer'
```

**注意**：与处理字符串时一样，序号是从 0 开始的。也就是说，列表的第 1 个元素是 [0]，第 2 个元素是[1]，依此类推。此外，也可以使用 [-1] 这样的负数，与处理字符串时一样[-1]表示最后一个元素，如下所示。

```
>>>seasons = ['spring', 'summer', 'fall', 'winter']
>>>seasons[-1]
'winter'
```

此外，还可以使用冒号（:）指定范围，该方法也与处理字符串时一样，如下所示。

```
>>>seasons = ['spring', 'summer', 'fall', 'winter']
>>>seasons[0:2]
['spring', 'summer']
>>>seasons[2:]
['fall', 'winter']
```

请注意索引与切片的区别，索引是从列表中抽取一个元素，输出结果是字符串；而切片是从列表中抽取一部分元素，生成新的列表。下面两种操作会输出不同的结果。

```
>>>seasons = ['spring', 'summer', 'fall', 'winter']
```

```
>>>seasons[0]
'spring'
>>>seasons[0:1]
['spring']
```

因为 [0] 是索引操作，所以返回的是列表中的一个元素 'spring'。与此相对，[0:1] 是指定范围的切片操作，返回的是只有一个元素 ['spring'] 的列表。虽然差别很小，但是编程时需要注意这种细微的差别。

查询列表中是否含有某元素时，和处理字符串时一样可以使用 in 语句，如下所示。

```
>>>'spring' □ in □ seasons
True
>>>'autumn' □ in □ seasons
False
```

查询列表中含有多少个元素时也和处理字符串时一样，使用 len( ) 函数，如下所示。

```
>>>len(seasons)
4
```

### 8.1.2  列表元素的添加

向列表中添加新元素时使用 append( ) 函数，其用法如下。

```
列表 .append( 添加的元素 )
```

下面的代码表示向列表 languages 中添加元素。

```
>>>languages □ = □ ['Chinese', □ 'Japanese', □ 'Korean']
>>>languages.append('Vietnamese')
>>>languages
['Chinese', □ 'Japanese', □ 'Korean', □ 'Vietnamese']
```

虽然看起来，上面的代码与 8.1 节介绍的列表相加的代码类似，但实际上二者是存在细微差别的。列表相加是两个列表合并，而 append( ) 函数只是向原列表中添加一个元素（请注意 Vietnamese 不是列表，只是字符串）。此外，不同于前面出现的所有函数，append( ) 函数可以改写原列表。这一点不易于理解，下面再详细地说明一下。试将 append( ) 与 lower( ) 函数（把字符串中大写字母转为小写的函数）进行比较。

```
>>>word □ = □ 'SKY'
>>>word.lower()
sky
>>>word
SKY
```

word.lower( ) 函数的返回值是字符串变量 word 的小写，但是变量 word 本身没有发生变化。如上例所示，变量 word 的内容依然是大写。想转换 word 变量的内容时，需按照下列方法将返回值赋给 word。

```
>>>word □ = □ 'SKY'
>>>word □ = □ word.lower()
```

```
>>>word
sky
```

与此相对，append( ) 函数可以直接更改其前列表变量的内容。如下例所示，执行 append( ) 函数，就可以改写列表 numbers 的内容。

```
>>>numbers □ = □ [1, □ 1, □ 2, □ 3]
>>>numbers.append(5)
>>>numbers
[1, □ 1, □ 2, □ 3, □ 5]
```

如果按照 numbers = numbers.append(5) 这样输入的话，反而会出错导致无法运行。

对于每个函数的特点，只能先记住然后熟能生巧，没有什么规律或者窍门而言。一般来说，操作对象是数值、字符串的函数，大多数不会改变操作对象的内容；而操作对象是列表等复杂数据类型的函数，有很多会改变操作对象的内容。

## 8.1.3 列表排序

"排序"是列表中常见的操作，使用 sort( ) 函数。sort( ) 函数的语法规则如下。

```
列表 .sort()
```

对数值列表使用 sort( ) 函数的话，可以使数值按照从小到大的顺序排列。请尝试运行以下代码。

```
>>>numbers □ = □ [8, □ 4, □ 16, □ 1, □ 2]
>>>numbers.sort()
>>>numbers
[1, □ 2, □ 4, □ 8, □ 16]
```

对字符串列表使用 sort( ) 函数的话，可以使字符串按照字母表（准确地说，按照字符编码）的顺序排列。

```
>>>seasons □ = □ ['spring', □ 'summer', □ 'fall', □ 'winter']
>>>seasons.sort()
>>>seasons
['fall', □ 'spring', □ 'summer', □ 'winter']
```

通过上面两个例可以看出，sort( ) 函数也像 append( ) 函数一样，可以改变操作对象的内容。

另外，还有不会改变操作对象内容的 sorted( ) 函数，该函数与 sort( ) 函数的用法不同，其语法规则如下。

```
sorted(列表)
```

通过下面的例子可以看出，执行 sorted( ) 函数不会改变操作对象的内容。

```
>>>seasons □ = □ ['spring', □ 'summer', □ 'fall', □ 'winter']
>>>sorted(seasons)
['fall', □ 'spring', □ 'summer', □ 'winter']
>>>seasons
```

```
['spring', 'summer', 'fall', 'winter']
```

想将列表元素从后向前排列时，使用 reverse( ) 函数。具体用法与 sort( ) 函数类似。需要注意的是，reverse( ) 函数不是将列表元素按照逆序排列，而是将列表元素从后向前转置。

```
>>>seasons = ['spring', 'summer', 'fall', 'winter']
>>>seasons.reverse()
>>>seasons
['winter', 'fall', 'summer', 'spring']
```

首先使用 sort( ) 函数将列表顺序排列后，再使用 reverse( ) 函数，才能实现将列表元素按照倒序排列的效果。

## 8.2 列表与循环

列表常与前面介绍的循环一起使用。什么时候列表与循环一起使用，才能发挥更大的威力呢？下面通过具体实例来说明，如有下面的列表。

```
>>>cities = ['BEIJING', 'Shanghai', 'dalian']
```

列表 cities 中的字符串既有大写又有小写，首先将其全部改成小写字母。使用 lower( ) 函数将字符串的字母都转换为小写字母，使用以下代码。

```
>>>cities = cities.lower()
```

但是，运行这行代码会出现如下错误。

```
Traceback (most recent call last):
  File "<stdin>", line 1, in <module>
AttributeError: 'list' object has no attribute 'lower'
```

之所以会出现错误，是因为 lower( ) 函数适用于字符串，而不适用于列表。lower( ) 函数只能对列表中的每个字符串变量进行操作，而不能对整个列表变量进行操作。这时，可以使用对相同变量的重复操作——for 循环语句来完成。for 循环语句用于列表时可按下述方式编写，表示对列表中的每个元素执行以下操作。

```
for city in cities:
    需要执行的操作
```

在第 7 章列举的 for 循环实例中，in 后面的变量大多数是文件，因此每次循环的操作对象默认为"文件中的每一行"。本节中 in 后面的变量是列表，所以每次循环的操作对象默认为"列表中的每个元素"。与"for line in datafile:"语句中的 line 一样，这里的 city 只是暂时命名的变量，该命名无特殊含义也可以改成其他名字。运用上述方法可以将列表中的所有元素统一为小写字母，并保存到 new_cities 这一新的列表变量中，具体可以参考以下代码。

```
>>>new_cities = []
>>>for city in cities:
...    city = city.lower()
...    new_cities.append(city)
```

```
...
>>>new_cities
['beijing', 'shanghai', 'dalian']
```

上述代码进行的操作大致如下。首先，定义一个空列表变量 new_cities，然后是 for 循环。在 for 循环中，先使用 lower( ) 函数把每个城市名都转换为小写后保存到变量 city 中，再使用 append( ) 函数将每个小写城市名逐一添加到新列表 new_cities 中，执行循环操作直到列表 cities 中的最后一个元素为止。最后，显示新列表 new_cities。

第一行的 "new_cities □ = □ []" 语句表示定义一个空列表变量。为什么这一行不能省略呢？因为 append( ) 函数的作用是为列表添加新元素。如果事先没有定义列表，那么执行该操作就会出错，所以必须提前定义好空白列表。（类似于使用计数器时，必须先定义一个初始值为 0 的计数器变量 counter。）

另外，也可以运用 Python 的高阶函数 map( ) 等方法编写更简单的程序来实现上述操作，这些属于稍难内容，本书不做详细的讲解，感兴趣的读者可以阅读相关书籍或者上网查询相关用法。

## 8.3 文件排序

使用列表也可以对文件的每行进行排序。首先，以文件各行内容为元素生成列表，然后运用第 8.1.3 小节介绍的 sort( ) 和 reverse( ) 函数对其内容进行排序即可。

那么，该如何读取文件的各行进而生成列表呢？其中一种方法就是修改程序 5-1，并且结合刚刚学过的 append( ) 函数为列表逐一添加新元素，具体可以参考以下代码。

```
1  lines □ = □ []
2
3  datafile □ = □ open('j.txt', □ encoding □ = □ 'utf-8')
4  for □ line □ in □ datafile:
5  □□ line □ = □ line.rstrip()
6  □□ lines.append(line)
```

这些代码执行的操作与 8.2 节介绍的将城市名称转换为小写字母的操作非常类似。首先，定义一个空列表变量 lines，然后使用 for 循环逐一读取文件中的每一行，再运用 append( ) 函数将每一行添加到列表变量 lines 中。

按照上述方法编写一个程序，实现按照字母表顺序排列文件中的每一行，具体可以参考以下代码。

程序 8-1

```
1  # □ -*- □ coding: □ utf-8 □ -*-
2  # □ 按照字母表顺序排列文件中的每一行
3
4  lines □ = □ [] □□ # □ 定义空列表
5
6  datafile □ = □ open('j.txt', □ encoding □ = □ 'utf-8')
7  for □ line □ in □ datafile:
8  □□ line □ = □ line.rstrip()
```

```
9    □□lines.append(line) □#□为列表添加元素
10
11   lines.sort()□□#□按照字母表顺序排列列表元素
12
13   #□输出结果
14   for□line□in□lines:
15   □□print(line)
```

程序的第 9 行执行完成意味着 for 循环执行完毕，此时的 lines 是由原文件各行组成的一个列表变量。第 11 行是对 lines 的所有元素进行排序。第 14 行和第 15 行是输出结果。

虽然程序 8-1 能够实现"按照字母表顺序排列文件中的每一行"这一操作，但是还有更简单的方法。使用 list( ) 函数读取文件，可以直接将文件转换为列表变量，此时列表中的每个元素，是原文件中的每一行数据。（list( ) 函数不仅可以将文件转换为列表，也可以将其他数据类型转换为列表。）list( ) 函数的语法规则如下。

```
lines□=□list(datafile)
```

使用 list( ) 函数进行排序操作，具体可以参考以下代码。

**程序 8-2**

```
1    #□-*-□coding:□utf-8□-*-
2    #□按照字母表顺序排列文件中的每一行（改良版）
3
4    datafile□=□open('j.txt',□encoding□=□'utf-8')
5    lines□=□list(datafile)
6    lines.sort()□□#□按照字母表顺序排列列表元素
7
8    #□输出结果
9    for□line□in□lines:
10   □□line□=□line.rstrip()
11   □□print(line)
```

将程序 8-1 中的第 1 个循环语句改成使用 list( ) 函数编写（第 5 行），使程序变得更加简洁、易读。与程序 8-1 不同的是，在第 10 行使用 rstrip( ) 函数删除每行最后的换行符。因为列表 lines 中的元素是包含换行符的（把 datafile 转换为列表 lines 时（第 5 行），每行数据以及最后的换行符作为一个整体，成为列表中的一个元素）。

## 8.4 单词一览表

处理文本时，经常需要在字符串和列表之间相互转换。例如，检索语料库中出现的所有单词，并保存符合条件的单词。此时，不能把一句话作为一个字符串来检索，而是需要把这句话转换成由单词组成的列表。然后使用 for 循环检验每个单词是否符合特定的条件。这个时候，就会使用到 split( ) 函数。

### 8.4.1 字符串与列表转换：split( ) 和 join( )

split( ) 函数可以把字符串转换成列表，默认的分隔符是半角空格。split( ) 函数的语法规则如下。

```
字符串.split(分隔符)
```

下面的例子就是使用 split( ) 函数把句子转换成由单词构成的列表。

```
>>>sentence □ = □ 'Split □ this □ sentence! '
>>>sentence.split()
['Split', □ 'this', □ 'sentence!']
```

使用以上代码，可以将字符串 'Split □ this □ sentence!' 转换为由 3 个字符串组成的列表。不过必须注意的是，句号、逗号或者问号等符号将会和单词在一起。因为这些符号和单词之间没有分隔符（这里是半角空格）。如果想制作单词一览表，这样是不合适的。去除标点符号的方法将在第 8.4.3 小节介绍。

虽然 split( ) 函数默认的分隔符是半角空格，但是也可以指定半角空格以外的分隔符。在实际应用中，最常见的有以下两种情况。

1）逗号分隔符。以逗号作为分隔符的数据文件一般叫作 CSV 文件（comma-separated values），很多语料库以这种形式发布数据。Excel 表格的数据也可以保存为 CSV 形式。

2）制表符分隔符。制表符是键盘上的 <Tab> 键。如果把 Excel 表格的内容复制到文本编辑器上，默认的分隔符就是制表符。

这时可以通过指定 split( ) 函数的分隔符来更好地处理数据。例如，在处理用逗号分割的数据时，可以按照下列方式在 split( ) 函数的括号内指定分隔符。

```
>>>data □ = □ '1,6,23,81,55'
>>>data.split(',')
['1', □ '6', □ '23', □ '81', □ '55']
```

处理制表符分隔的数据时也是一样的。但需注意的是，在 Python 程序中，直接单击 <Tab> 键无法表示制表符，需要使用制表符的正则表达式 \t。

```
>>>data □ = □ 'Japan\t15.7'
>>>data.split('\t')
['Japan', □ '15.7']
```

与 split( ) 函数相反，如果想把列表转换为字符串的话，使用 join( ) 函数。join 函数的语法规则如下。

```
分隔符.join(字符串)
```

下面的例子就是将列表转换成字符串。

```
>>>words □ = □ ['Sentence', □ 'are', □ 'made', □ 'up', □ 'of', □ 'words.']
>>>' □ '.join(words)
'Sentence □ are □ made □ up □ of □ words.'
```

## 8.4.2  单词一览表程序

使用 split( ) 函数制作单词一览表，可以参考以下代码。

**程序 8-3**

```
1    # □ -*- □ coding: □ utf-8 □ -*-
2    # □ 制作单词一览表
3
4    all_words □ = □ [] □ # □ 定义空列表
5
6    datafile □ = □ open('j.txt', □ encoding □ = □ 'utf-8')
7    for □ line □ in □ datafile:
8    □□ line □ = □ line.rstrip()
9    □□ words_in_line □ = □ line.split() □ # □ 将字符串转换为列表
10   □□ all_words □ += □ words_in_line □ # □ 向列表中添加单词
11
12   # □ 输出列表
13   for □ word □ in □ all_words:
14   □□ print(word)
```

上面的代码中有 all_words 和 words_in_line 两个名字相近的变量，阅读代码可知 all_words 变量中保存的是整个文本的单词列表，而 words_in_line 变量中保存的是在 for 循环中正在处理的当前行的单词列表。

该程序的操作过程大致如下。首先，定义一个空列表变量 all_words。然后，读取文件并删除每行行末的换行符。接下来，通过 split() 函数将文件的每一行转换成列表，并保存到列表变量 words_in_line 中（第 9 行）。之后，再将 words_in_line 列表添加到整个文本的单词列表 all_words 中（第 10 行）。这一行的 "+ =" 符号已在第 4.4.2 小节介绍过，表示合并 all_words 变量和 words_in_line 变量，并将结果再次赋值给 all_words 变量。实际上，没有必要使用 words_in_line 这一变量，可以将第 9 行代码和第 10 行代码总结为下面一行代码。

```
all_words □ += □ line.split()
```

程序 8-3 程序的问题是相同单词会重复记录。为避免重复，需要对该程序稍做修改。可以参考以下代码。

**程序 8-4**

```
1    # □ -*- □ coding: □ utf-8 □ -*-
2    # □ 制作单词一览表（单词不重复）
3
4    all_words □ = □ [] □ # □ 定义空列表 all_words 和 words_in_line
5
6    datafile □ = □ open('j.txt', □ encoding □ = □ 'utf-8')
7    for □ line □ in □ datafile:
8    □□ line □ = □ line.rstrip()
9    □□ words_in_line □ = □ line.split() □ # □ 将字符串转换为列表
10
11   □□ for □ word □ in □ words_in_line:
12   □□□□ if □ not □ word □ in □ all_words: □ # □ 如果该词不在列表中
13   □□□□□□ all_words.append(word) □ # □ 向列表中添加单词
14
15   # □ 输出列表
16   for □ word □ in □ all_words:
```

```
17   □□print(word)
```

发生变化的部分是第 11 ~ 13 行，这部分代码不像程序 8-3 那样直接向列表中添加单词，而是首先确认 all_words 列表变量中是否有该单词，如果没有则添加该单词。这样很好地避免了列表中的单词会发生重复的问题。

如果想表达"all_words 列表变量中含有某单词"这一意思时，代码可以写成"word in all_words"。因此，想表达"all_words 列表变量中不含有某单词"时，可以结合 not 语句，将代码写成"not word in all_words"。（关于 not 语句请参考第 6.3.1 小节。）

```
12   □□□□if□not□word□in□all_words:□#□如果该词不在列表中
13   □□□□□□all_words.append(word)□#□向列表中添加单词
```

这样写代码，就可以实现"如果 all_words 列表中不含有该单词时，那么向列表中添加该单词"这一功能。由此可见，编写程序的本质就是把想要实现的操作，用逻辑清晰的语言表达出来。

### 8.4.3　符号处理

使用前一节介绍的程序制作单词一览表时，一览表中的单词会带有句号、逗号等标点符号。那么，该如何删除这些标点符号呢？方法有很多，可以使用 rstrip( ) 函数。系统默认 rstrip( ) 函数是删除字符串右侧的空白字符（"空白字符"包括空格符、制表符、换行符等）。实际上 rstrip( ) 函数删除的字符是可以指定的。例如，按照下列方式编写程序即可删除字符串右侧的句号、逗号、感叹号以及问号。

```
word□=□word.rstrip('.,!?')
```

此外，还可以添加分号、冒号等标点符号。

```
word□=□word.rstrip(';:')
```

有时可能也需要删除字符串开头的符号。例如，通过 split( ) 函数把"No problem"字符串转换为列表时，列表中的第一个元素会变成"No"。这时使用 lstrip( ) 函数可以很好地解决该问题（l 表示 left,r 表示 right）。

```
word□=□word.lstrip(' "')
```

那么，按照上述方法可以完美地制作出英语单词一览表吗？答案是否定的。该方法有其自身的局限性。例如，有时并不想删除像 Mr. 或 etc. 这样表示省略的点号。为顺利解决这些问题，需要准备辞典以供程序处理时查询，或者先进行词性标注后再制作词表。

## 8.5　表格数据处理

我们经常会使用 Python 处理表格形式的文本文件。例如，使用 TreeTagger 或者 Stanford Parser 等工具分析后的文件，或者很多语言研究的电子资料，如本节即将介绍的 CMU 辞典，都是表格形式的文本文件。此外，使用程序处理 Excel 数据时，把 Excel 文件以 CSV 形式或制表符分割的文本形式保存的话，也会非常方便。另一方面，如果使用 Python 处理数据，最后以表格形式的文本文件保存处理结果的话，也可以使用 Excel 等软件打开，之后进行操作、分析、统计时也是非常方便的。本节将介绍使用 Python 处理表格数据的实例。

CMU 辞典是卡耐基梅隆大学免费公开的英文发音辞典，以文本的形式记录了超过 12 万个英文单词的发音。下面是从 CMU 辞典中选取的几个单词。

```
APPLE □□ AE1 □ P □ AH0 □ L
BANANA □□ B □ AH0 □ N □ AE1 □ N □ AH0
GRAPE □□ G □ R □ EY1 □ P
MELON □□ M □ EH1 □ L □ AH0 □ N
ORANGE □□ AO1 □ R □ AH0 □ N □ JH
PINEAPPLE □□ P □ AY1 □ N □ AE2 □ P □ AH0 □ L
```

为了避免字符编码的问题，该辞典使用的不是一般的发音符号而是采用了一种名为 ARPAbet 的系统，读起来有些困难。如上所示，CMU 辞典中每个英文单词一行，单词右边标注发音及重音符号。例如，第 1 个重音标注数字 1，第 2 个重音标注数字 2，没有重音标注数字 0。

该辞典是以格式统一的文本形式公开的。因此，非常适合使用 Python 等程序进行处理。例如，输出以 /g/ 发音开头的单词列表等。如果纸质辞典、非文本形式的电子文件或者文件格式不统一的话，该操作就会变得复杂。公开数据时必须考虑这样的问题。

本书 CMU 辞典被命名为 cmu.txt 包含于样本文件中，请打开文本编辑器确认其内容。

那么，运用 Python 程序读取 CMU 辞典的内容该如何操作呢？可以像前面所学的那样，使用 for 循环语句逐一处理每一行。此外，CMU 辞典中各音素之间的分隔符都是半角空格，因此可以使用 split( ) 函数（请参见第 8.4.1 小节），如下所示。

```
columns □ = □ line.split()
```

这样 columns 就变成了由字符串组成的列表。columns 中的第 1 个元素（columns[0]）是单词（拼写），第 2 个元素之后是每个部分的发音（仔细观察 cmu.txt，你会发现拼写与发音之间不是 1 个空格而是 2 个，不过这不会影响 split( ) 函数的执行）。

如果进一步定义 word 和 phonemes 两个新变量的话，会更容易懂一些。

```
word □ = □ columns[0]
phonemes □ = □ columns[1:]
```

首先，考虑编写一个程序，只输出单词不输出发音。这种情况下，可以忽略变量 phonemes，只输出变量 word 的内容，可以参考以下代码。

**程序 8-5**

```
1    # □ -*- □ coding: □ utf-8 □ -*-
2    # □ 只输出 CMU 辞典中单词的拼写
3
4    datafile □ = □ open('cmu.txt', □ encoding □ = □ 'utf-8')
5    for □ line □ in □ datafile:
6    □□ line □ = □ line.rstrip()
7
```

```
8    □□ # □跳过说明行
9    □□ if □ line.startswith(';;;'):
10   □□□□ continue
11
12   □□ columns □ = □ line.split()
13
14   □□ word □ = □ columns[0]
15   □□ phonemes □ = □ columns[1:]
16
17   □□ print(word) □ # □输出单词
```

程序的第 9 行和第 10 行表示的是，对 ";;;" 开头的行不执行操作，进入下一轮循环。因为观察 cmu.txt 的开头部分是说明行，而且都是以 ;;; 开头的，这些内容不属于辞典的正文内容，所以可以使用下列代码将其从操作对象中排除。

```
8    □□ # □跳过说明行
9    □□ if □ line.startswith( ';;;' ):
10   □□□□ continue
```

下面考虑编写程序，实现输出以 /g/ 发音开头的单词。发音信息保存在列表变量 phonemes 中，第 1 个音素是 phonemes[0]。CMU 辞典中发音 /g/ 用大写 G 表示，所以 "如果是以发音 /g/ 开头的话，那么……" 这一条件语句，可参考以下代码。

```
if □ phonemes[0] □ = = □ 'G':
□□ ...
```

综上所述，完整的程序可以参考以下代码。

**程序 8-6**

```
1    # □ -*- □ coding: □ utf-8 □ -*-
2    # □输出 CMU 辞典中以 /g/ 开头的单词
3
4    datafile □ = □ open('cmu.txt', □ encoding □ = □ 'utf-8')
5    for □ line □ in □ datafile:
6    □□ line □ = □ line.rstrip()
7
8    □□ # □跳过说明行
9    □□ if □ line.startswith(';;;'):
10   □□□□ continue
11
12   □□ columns □ = □ line.split()
13
14   □□ word □ = □ columns[0]
15   □□ phonemes □ = □ columns[2:]
16
17   □□ if □ phonemes[0] □ = = □ 'G': □ # □第一个发音是 /g/ 的话
18   □□□□ print(word) □ # □输出该单词
```

与程序 8-5 相比，只有最后的部分发生了变化。print(word) 命令由每次都被执行变为只有满足条件 "phonemes[0] □ = = 'G'" 时才被执行。

## 8.6 本章小结

本章学习了使用列表处理数据的方法。然后，介绍了使用 split( ) 函数将字符串转换为列表，并逐行处理语料库数据的方法。最后，讲解了制作单词一览表以及使用 Python 处理表格数据的方法。

## 习题

1. 将列表定义如下。

```
>>>days □ = □ ['Mon','Tue','Wed','Thu','Fri','Sat','Sun']
```

下例操作分别输出什么？

```
>>>days[1]
```

```
>>>days[-1]
```

```
>>>days[:5]
```

2. 有以下 a 和 b 两个列表，使用 append( ) 函数将 b 列表添加到 a 列表中，a 列表会变成什么样的列表呢？

```
>>>a □ = □ [1, □ 2]
>>>b □ = □ [3, □ 4]
>>>a.append(b)
>>>a
```

3. 有如下面的列表，请利用本章学习过的函数，将数字按照从大到小的顺序排列。

```
>>>numbers □ = □ [33, □ 5, □ 12, □ 8, □ 60]
```

4. 读取 j.txt 文本，并按照字母表顺序排列出现过的单词。

5. 读取 cmu.txt（CMU 辞典）文本，编写程序显示发音中包含 /s/ 的单词。例如，显示 kiss 或者 city 这样的单词，但是不能显示 dish 或 rise 发音的单词。

# 单词频度表：字典

如何让 Python 记住两种数据之间的对应关系呢？例如，在语料库调查中，经常需要制作词汇频度表。频度表是每个"单词"与其"频度"的对应关系。这种情况下，使用"字典"这一功能会非常方便。本章将介绍利用字典制作词汇频度表的方法。

## 9.1    字典的基础知识

第 8 章讲解了列表，列表中各元素按顺序排列，访问某特定元素时要使用表示元素顺序的数字（索引）。本章介绍的字典，不使用索引访问特定元素，而使用键来访问特定元素。

字典有很多用途。如图 9.1 所示，Python 中的字典可以像真正的双语字典一样，作为单词与单词的对应关系来使用。字典的一边是用于访问字典的"键"，另一边是键对应的"值"。字典数据类型中的值可以重复，但是键不能重复。

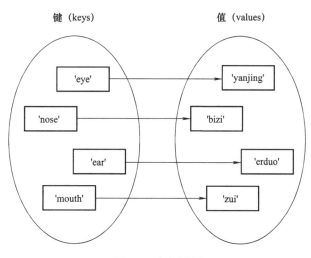

图 9.1    字典图例

字典可以应用于单词与其频度的对应关系，也可以应用于作品名与作者的对应关系等。

下面来看看字典的具体使用方法。首先，来介绍交互式命令行中字典的使用方法。列表使用 [ ] 来定义，而字典使用 { } 来定义。列表的定义只要将各个值按顺序排列即可，但是字典的定义必须将"键"与"值"组合起来。下面来使用字典的功能来试着制作《英汉辞典》。

定义字典时，每个键与值用半角冒号（:）连接，各项之间用半角逗号（,）分隔，具体如下所示。

```
>>>cidian = {'eye':'yanjing', 'nose':'bizi', 'ear':'erduo', 'mouth':'zui'}
```

为了看起来更清晰，也可以像下面这样分为几行来写。

```
>>>cidian = {
... 'eye': 'yanjing ',
... 'nose': 'bizi ',
... 'ear': 'erduo ',
... 'mouth': 'zui '}
```

在分为几行来写的情况下，如果输入中间需要换行，但输入还没有结束，软件可自动判断，用"…"表示继续输入。

访问字典与访问列表类似，在字典名的后面，输入方括号和键，便可以得到对应的值。

```
>>>cidian['eye ']
'yanjing '
```

**注意：** *每个键都是字符串，切记不要忘记加单引号。*
如果输入字典中没有的键就会报错，如下所示。

```
>>>cidian['head']
Traceback (most recent call last):
  File "<stdin>", line 1, in <module>
KeyError: 'head'
```

为了防止报错，需要事先查询字典中是否有该键。要查询键，就要用到字符串和列表中也使用过的 in（第 6.2.1 小节）。

使用 in 表示如果键中包含 'ear' 时显示对应的值，如果键中不包含 'ear' 时不需要进行任何操作。这时就要用到 if 条件语句（第 6 章）。只有字典中包含 'ear' 这个键时，才会访问字典。具体语句如下。

```
>>>if 'ear' in cidian:
... 	print(cidian['ear'])
...
erduo
```

向字典中添加或者修改键值对时，可按下列方法输入。

```
>>>cidian['hand'] = 'shou'
```

这种情况是，字典中没有 'hand' 键，现在向字典中添加新的键值对。输入下列代码，显示出值则说明添加成功。

```
>>>cidian['hand']
```

```
'shou'
```

与列表相同，对字典中的键值对执行重复操作时，也可以使用 for 循环。例如，逐个处理字典 cidian 中的单词，可以使用以下代码（word 是任意起的名字，也可以使用其他名字）。

```
for  word  in  cidian:
```

此时，word 是指 cidian 中包含的每一个键（注意不是值）。因此，将 cidian 中包含的键逐个表示出来的代码如下。

```
for  word  in  cidian:
  print(word)
```

而将值逐个表示出来的代码如下。

```
for  word  in  cidian:
  print(cidian[word])
```

for 循环还可以用于将字典内容全部以直观的形式显示出来。如下所示，显示字典中的键和值，并用制表符分隔。

```
eye      yanjing
nose     bizi
ear      erduo
mouth    zui
hand     shou
```

此时，需要将 word（键），\t（制表符）与 cidian[word]（键所对应的值）三者用 + 连接起来。具体代码如下。

```
for  word  in  cidian:
  print(word  +  '\t'  +  cidian[word])
```

除了以上方法，也可以使用第 8.4.1 小节中介绍的 join( ) 函数，具体代码如下。

```
for  word  in  cidian:
  print('\t'.join([word,  cidian[word]]))
```

括号嵌套看起来复杂难懂，其实际内容是使用 join( ) 函数，将 word 和 cidian[word] 两个数据用制表符分开。

除此之外，还可以使用 item( ) 函数同时输出键和值，也可以用 values( ) 函数只输出值。这些功能在这里就不一一讲解了，感兴趣的读者请查阅相关文献。

## 9.2 单词频度表

在处理文本时，使用字典制作单词频度表是非常方便的。之前英汉辞典例子中的键和值都是字符串。制作单词频度表时，只需要把值改为数值即可。

下面来探讨一下，从语料库中获取单词，并利用字典制作单词频度表的方法。

首先，获取语料库中单词的方法与第 8 章中介绍的"制作单词一览表"的方法相同。首先使用 split( )函数，将每行（这里使用变量 line）转换为单词列表（words）。

```
words □ = □ line.split()
```

接下来是解决问题的关键。基本思想是，words 中包含所有的单词，每出现一次则频度加 1。可以使用以下代码实现。

```
for □ word □ in □ words: □ # □ words 中的每个单词
□□ freq[word] □ += □ 1 □ # 频度加 1
```

但是，这样的话，对于第 1 次出现的单词会报错，因为字典中没有该单词的键。因此，要使用 if 条件语句。如果字典中有该单词的键，则将频度加 1；否则，即如果该单词不包含在键中，那么该单词是第 1 次出现，其频度为 1。把这些内容写成代码，具体如下。

```
for □ word □ in □ words: □ # □ words 中的每个单词
□□ if □ word □ in □ freq: □ # □如果在字典中
□□□□ freq[word] □ += □ 1 □ # 频度加 1
□□ else: □ # □如果字典中没有该单词
□□□□ freq[word] □ = □ 1 □ # □频度为 1
```

完整的代码如下。虽然代码很长，但是理解代码的几大部分后，就不会感觉那么复杂了。

程序 9-1

```
1    # □ -*- □ coding: □ utf-8 □ -*-
2    # □制作词汇频度表
3
4    freq □ = □ {} □ # □定义空字典
5
6    datafile □ = □ open('c.txt', □ encoding □ = □ 'utf-8')
7    for □ line □ in □ datafile:
8    □□ line □ = □ line.rstrip()
9    □□ words □ = □ line.split()
10
11   □□ # □计算单词频度
12   □□ for □ word □ in □ words:
13   □□□□ if □ word □ in □ freq:
14   □□□□□□ freq[word] □ += □ 1
15   □□□□ else:
16   □□□□□□ freq[word] □ = □ 1
17
18   # □输出字典
19   for □ word □ in □ freq:
20   □□ print(word □ + □ '\t' □ + □ str(freq[word]))
```

首先，第 4 行代码定义了一个空的字典。第 6 ～ 9 行代码为读取文件每行并切分为单词，这一部分内容与第 8 章中制作单词一览表相同（请参考第 8.4.2 小节）。重点在第 12 ～ 16 行代码，表示将出现的单词添加至频度表并计算频度。第 16 行代码执行完毕后循环结束，频度表制作完成。最后部分（第 19 ～ 20 行代码）将字典内容（频度表）输出。使用制表符分隔键和值，与第 9.1.1 小节内容基本相同。只是这里字典的值不是字符串而是数值。因此，注意将数值与字符串连接时，需要用 str( ) 函数将数值转换为字符串（请参考第 4.5.4 小节）。

## 9.3　频度表排序

程序 9-1 可以输出字典的键值对，但是因为没有排序，所以输出结果的顺序没有特殊意义（顺序是由 Python 内部存储管理情况决定的，对于使用者没有任何意义）。而在实际应用中，往往需要按照一定的顺序排列。这时，就需要将程序 9-1 的第 19 行，进行如下修改。

```
for □ word □ in □ sorted(freq):
```

这条代码的作用是按照键对字典进行排序。本例中键是字符串。字符串默认按照英文字母顺序排列，因此频度表也按照字母顺序排列。

比起按照单词的字母顺序排列频度表，语言研究中按照频度顺序排列频度表更加常用。这就需要一些稍微复杂的操作。以下代码会将频度表按照值进行排列。

```
for □ word □ in □ sorted(freq, □ key=freq.get, □ reverse=True):
```

该代码有些内容稍难不做详细解释，本节只进行简单说明。key=freq.get 部分代码的作用是，将排序的关键字由键变为值（get( ) 是取值函数，这里把 get( ) 函数作为 sorted 函数的选项）。如果代码只到这里的话，会按照频度从低到高排列。一般来说，需要按频度由高至低排列，因此使用 reverse=True 实现按照频度由高到低排列。

完整的程序如下。

**程序 9-2**

```
1    # □ -*- □ coding: □ utf-8 □ -*-
2
3    freq □ = □ {} □ # □定义空字典
4
5    datafile □ = □ open('c.txt', □ encoding □ = □ 'utf-8')
6    for □ line □ in □ datafile:
7    □□ line □ = □ line.rstrip()
8    □□ words □ = □ line.split()
9
10   □□ for □ word □ in □ words:
11   □□□□ if □ word □ in □ freq:
12   □□□□□□ freq[word] □ += □ 1
13   □□□□ else:
14   □□□□□□ freq[word] □ = □ 1
15
16   # □按照值排序后输出
17   for □ word □ in □ sorted(freq, □ key=freq.get, □ reverse=True):
18   □□ print(word □ + □ '\t' □ + □ str(freq[word]))
```

除了最后部分进行排序以外，其他部分与程序 9-1 相同。

## 9.4 字典的导入

让我们运用已经学过的知识，试着挑战难度更高的操作。下面讲解如何制作"特定文本中，以 /k/ 开头发音单词的频度表"。运用之前所学的频度表制作方法，以及第 8 章使用的 CMU 发音辞典就可以实现该操作。这里需要使用两个字典：一个是频度表，另一个是 CMU 发音辞典。第 8 章将 CMU 发音辞典作为列表导入，本章则将单词作为键，发音作为值导入字典。这样一来，由单词查询其发音就变得比较容易。

完整的程序如下。

**程序 9-3**

```
1    # □ -*- □ coding: □ utf-8 □ -*-
2    # □制作以 /k/ 开头发音单词的频度表
3
4    # □读入 cmu.txt 文件并保存为字典
5    pronunciation □ = □ {} □ # □定义空字典——发音
6
7    datafile □ = □ open('cmu.txt', □ encoding □ = □ 'utf-8')
8    for □ line □ in □ datafile:
9
10       □□ line □ = □ line.rstrip()
11       □□ columns □ = □ line.split()
12
13       □□ word □ = □ columns[0]
14       □□ phonemes □ = □ columns[1:]
15
16       □□ pronunciation[word] □ = □ phonemes
17
18   # □制作频度表
19   freq □ = □ {} □ # □定义空字典——频度表
20   datafile □ = □ open('c.txt', □ encoding □ = □ 'utf-8')
21   for □ line □ in □ datafile:
22       □□ line □ = □ line.rstrip()
23       □□ words □ = □ line.split()
24
25       □□ # □计算单词频度
26       □□ for □ word □ in □ words:
27
28           □□□□ word □ = □ word.rstrip('.,!?') □ # □删除符号
29
30           □□□□ # □如果发音辞典中没有则跳过
31           □□□□ if □ not □ word.upper() □ in □ pronunciation:
32               □□□□□□ continue
33           □□□□ # □非 K 开头发音则跳过
34           □□□□ elif □ not □ pronunciation[word.upper()][0] □ == □ 'K':
35               □□□□□□ continue
36
37           □□□□ if □ word □ in □ freq:
38               □□□□□□ freq[word] □ += □ 1
```

```
39    □□□□ else:
40    □□□□□□ freq[word] □ = □ 1
41
42    # □ 输出字典
43    for □ word □ in □ sorted(freq, □ key=freq.get, □ reverse=True):
44    □□ print(word □ + □ '\t' □ + □ str(freq[word]))
```

这个程序很长，所以抓住程序的结构框架很重要。该程序的结构框架如下：

1）读入 CMU 发音辞典（cmu.txt）并制作成字典（第 4 ～ 16 行）。

2）读入特定文件（这里以 c.txt 为例），对照步骤 1）中制作的发音辞典，计算发音以 /k/ 开头发音的单词频度（第 19 ～ 40 行）。

3）输出结果（第 42 ～ 44 行）。

第 1）步是读入 CMU 发音辞典并制作成字典。这与上一章介绍的 CMU 发音辞典的读入方法内容大致相同。循环的最后，即第 16 行 "pronunciation[word]=phonemes" 的意思是将单词的拼写作为键，发音作为值添加到字典的键值对中。CMU 发音辞典文件执行完毕后，字典也同时完成了。

第 2）步是读入特定文件（或者语料库），制作以 /k/ 开头发音的单词频度表。频度表的制作方法基本与之前的代码相同。这里仅仅添加了判断单词是否 "以 /k/ 开头发音" 部分的代码（第 30 ～ 35 行代码）：首先判断该词是否被发音辞典收录，如果没收录则跳过；如果该词被发音辞典收录，然后判断该词的第 1 个发音是否是 /k/，如果不是 /k/ 则跳过；没被跳过的单词，证明是被发音辞典收录，而且第 1 个发音是 /k/。针对这些单词，再计算其频度（第 37 ～ 40 行代码）。

最终得到如图 9.2 所示的运行结果则表示成功。

图 9.2　程序 9-3 运行结果界面

另外，还有以上代码中的一些细节问题需说明。如在第 31 行代码中，由于 CMU 发音辞典中单词是大写，所以需要将频度表中的单词改为大写后再去匹配发音辞典。因此，使用了 word.upper( ) 这一表达。upper( ) 函数与之前的 lower( ) 函数是一对，表示将字符串中的所有字符变换成大写。

最后，在实际研究中还需要考虑 CMU 发音辞典中没有的单词应该如何处理，以及拼写相同发音不同单词该如何处理等问题。

## 9.5 本章小结

本章介绍了 Python 中"字典"的使用方法。利用字典可以非常方便地处理两组对应数据，例如，单词与数值的对应数据等。然后，讲解了利用字典读入特定文件，并制作单词频度表的方法。

字典除了可以制作频度表，还有很多其他应用。本章的后半部分介绍了利用字典读入发音辞典，并进行匹配的方法。

## 习题

1. 字典的定义如下。

```
capital □ = □ {
□□□□ 'China': □ 'Beijing',
□□□□ 'Japan': □ 'Tokyo',
□□□□ 'France': □ 'Paris'}
```

执行下列操作，会得到什么结果？

```
>>>capital['China']
```

```
>>>capital['Paris']
```

```
>>>capital[2]
```

2. 在上面的字典 capital 中添加新内容，将 'Germany' 作为键，'Berlin' 作为值。

3. 将下面的字典内容，以键为关键字按字母顺序进行排列，为了表示清晰用制表符分隔显示，请写出程序。

```
>>>cidian □ = □ {
... 'eye': □ 'yanjing',
... 'nose': □ 'bizi',
... 'ear': □ 'erduo',
... 'mouth': □ 'zui'}
```

4. c.txt 中最高频的词是什么？请统一大小写，并删去逗号和句号等标点符号。

第 10 章　　Chapter 10

# 文件操作

本章将详细说明如何利用 Python 进行文件的读取和写入。然后扩展到如何对文件夹内的所有文件执行同样的操作，即批处理。

本章将直接对文件进行操作，文件可能会被修改或者删除，所以请事先备份重要文件。

## 10.1　文件的输入与输出

下面仍然以程序 5-1 为基础进行拓展。

```
1    datafile □ = □ open('j.txt', □ encoding □ = □ 'utf-8')
2    for □ line □ in □ datafile:
3    □□ line □ = □ line.rstrip()
4    □□ print(line)
```

程序 5-1 具有以下特征。

1）操作对象的文件名（j.txt）直接在程序中表示。

2）输出（执行结果）直接显示在屏幕上。但是，正如第 5.2.2 小节中介绍的那样，利用重定向输出操作符 ">"，也可以将执行结果保存为文件。

有的时候，上面的两个特征并不能说是最好的方法。首先，关于特征 1）。如果想将一个程序应用于多个文件，必须每次更改程序的内容，操作十分不便。另外，不懂 Python 的人使用该程序时，想要改写程序也很难。因此，程序中不包含文件名，而是在程序执行时选择处理对象会更加方便。

其次，关于特征 2）。之前保存文件都是使用重定向输出操作符 ">" 保存文件。但有的时候想在程序代码里决定保存文件的名字，或者想执行一个程序输出多个结果文件，这时重定向输出操作符就无法满足这些操作要求。

下面来介绍文件输入和输出的其他方法。

### 10.1.1　操作对象

不在程序代码里面写入操作对象的文件名，而在执行程序时选择操作对象，这应该怎么做呢？一个方法就是使用 "命令行参数"。目前为止，使用命令提示符执行 Python 程序时的代码如下。

```
> □ python □ ch5-1.py
```

以上代码只指定了 Python 的程序名。其实，也可以同时指定操作对象的名字，具体如下。

```
> □ python □ ch10-1.py □ j.txt
```

在命令行中指定操作对象文件名时，在程序名的后面输入半角空格后，再输入操作文件对象名。程序名后面的参数（本例中是文件名参数）一般叫作命令行参数。利用命令行参数，就不需要修改程序代码，只需要在执行程序时输入文件名即可。

那么如何告诉 Python，操作对象文件名需要从命令行参数中获取呢？下面来详细讲解其方法。

Python 中的 sys 模块可以处理命令行参数。"模块"是基于特定目的的程序，其中包含已经定义好的函数，需要时可以加载使用。看起来很难，其实 sys 模块是 Python 中包含的标准模块之一，使用时只需要用 import 命令加载就可以了。具体代码如下。

```
import □ sys
```

这样就可以使用 sys 模块中的函数了。

Python 中命令行参数会自动保存在 sys 模块中的 sys.argv 变量里。sys.argv 是一个由字符串构成的列表，使用索引可以读取其中的各个元素（列表的索引请参考第 8.1.1 小节）。

例如，在命令提示符中输入以下代码。

```
> □ python □ sample.py □ a.txt □ b.txt
```

那么，sys.argv[0] 中是 Python 的程序名，这里是 sample.py。a.txt 和 b.txt 两个字符串分别作为命令行参数存储在 sys.argv[1] 和 sys.argv[2] 中。

命令行参数只有一个时，其名字保存在 sys.argv[1] 中，读取时可以用 sys.argv[1] 代替文件的具体名字。将之前程序代码中的具体文件名 j.txt 部分用变量 sys.argv[1] 代替，就完成了执行程序时选择操作对象这一程序的编写。

**程序 10-1**

```
1   # □ -*- □ coding: □ utf-8 □ -*-
2   # □ 在命令行中指定操作文件名
3
4   import □ sys
5
6   filename □ = □ sys.argv[1]
7
8   datafile □ = □ open(filename, □ encoding □ = □ 'utf-8')
9   for □ line □ in □ datafile:
10    □□ line □ = □ line.rstrip()
11    □□ print(line)
```

将程序保存后，用命令提示符执行下面的命令，确认程序能够正确执行。

```
> □ python □ ch10-1.py □ j.txt
```

```
> □ python □ ch10-1.py □ c.txt
```

**注意：** 如果在命令提示符中不指定参数的话，该程序会报错。

## 10.1.2　文件的输出

在程序代码中指定输出文件名该如何操作呢？这时可以使用 open( ) 函数完成这一操作。本书到目前为止，open( ) 函数都是按照以下形式使用的。

```
datafile □ = □ open('j.txt', □ encoding □ = □ 'utf-8')
```

实际上，以上代码也可以写成下面的形式。

```
datafile □ = □ open('j.txt', □ 'r', □ encoding □ = □ 'utf-8')
```

r 是 read 的简写，表示用只读的方式打开。也就是说，之前的 open( ) 函数都是以只读的方式使用的。当然，也可以打开一个文件用于写入，此时就需要将参数 r 改为 w（write）。

用只读方式打开文件时，如果文件不存在则会报错；但是用写入方式打开文件时，文件可以不存在。如果有同名文件时，新的内容会覆盖原来的内容。

注意事项已经解释完毕，下面来看一下具体操作。具体操作时，需要用到 print( ) 函数，将需要写入的文件名作为参数转递给 print( ) 函数，具体如下。

```
print(line, □ file=outputfile)
```

综上所述，读取 j.txt 文件，并将操作结果写入 result.txt 文件的程序如下。

**程序 10-2**

```
1    # □ -*- □ coding: □ utf-8 □ -*-
2    # □ 结果输出到指定文件
3
4    import □ sys
5
6    inputfile □ = □ open('j.txt', □ 'r', □ encoding □ = □ 'utf-8')
7    outputfile □ = □ open('ch10_result.txt', □ 'w')
8
9    for □ line □ in □ inputfile:
10       □□ line □ = □ line.rstrip()
11       □□ print(line, □ file=outputfile)
```

## 10.1.3　关键词

在第 10.1.1 小节中，介绍了使用 sys.argv 读取命令行参数的方法。命令行参数不但可以读取文件名，还可以根据目的灵活运用。下面就来试着从命令行中读取检索关键词。

在第 6 章已经讲过使用 Python 编写检索特定字符串的程序（如下所示），但是该程序中的检索关键词包含在程序的代码里。

```
1    datafile □ = □ open('j.txt', □ encoding □ = □ 'utf-8')
2    for □ line □ in □ datafile:
```

```
3      □□ line □ = □ line.rstrip()
4      □□ if □ 'the' □ in □ line:
5      □□□□ print(line)
```

　　试着将该程序进行改进，使文件名和检索字符串都能够从命令行参数中读取。例如，想要在 j.txt 中检索字符串 the，如果使用命令提示符输入以下代码的话，程序该如何编写呢？

```
> □ python □ ch10-3.py □ j.txt □ the
```

　　**注意**：sys.argv[1] 为文件名，sys.argv[2] 为检索关键词，程序编写可以参考以下代码。其实，只是把具体的检索关键词改为 sys.argv[2] 而已。

程序 10-3

```
1     # □ -*- □ coding: □ utf-8 □ -*-
2     # □ 在命令行中指定检索关键词
3
4     import □ sys
5     filename □ = □ sys.argv[1]
6     keyword □ = □ sys.argv[2]
7
8     datafile □ = □ open(filename, □ encoding □ = □ 'utf-8')
9     for □ line □ in □ datafile:
10    □□ line □ = □ line.rstrip()
11    □□ if □ keyword □ in □ line:
12    □□□□ print(line)
```

## 10.2  批处理

　　本节将介绍同时处理多个文件的方法，即使用 Python 进行批处理的方法。重点是如何对文件夹中的全部文件进行检索、替换操作。

　　作为练习，可以使用本书的样本文件 ch10 文件夹下的文件。ch10 文件夹中将 j.txt 分成 7 个部分，分别保存为 j1.txt ~ j7.txt 这 7 个文件。下面来试着编写同时处理这 7 个文件的程序。

### 10.2.1  文件一览表

　　使用 Python 访问文件夹中文件一览表等信息，首先需要导入 os 模块。与 10.1 节中导入 sys 模块相同，代码如下。

```
>>>import □ os
```

　　制作文件一览表要使用 os 模块中的 listdir( ) 函数，在函数的括号内输入要查询的文件夹名称。如果省略这一步，系统会自动查询当前文件夹下的文件。可以先在交互模式命令行中验证一下 listdir( ) 函数（当前文件夹不同得到的结果也会不同）。

```
>>>import □ os
>>>os.listdir()
['j1.txt', 'j2.txt', 'j3.txt', 'j4.txt', 'j5.txt', 'j6.txt', 'j7.txt']
```

os.listdir( ) 的结果是得到由字符串构成的列表，所以可以使用 for 循环逐个读取文件。例如，编写显示当前文件夹下文件一览表的程序可以参考以下代码。

```
1    import □ os
2    filenames □ = □ os.listdir()
3    for □ filename □ in □ filenames:
4    □□ print(filename)
```

如果想显示文件夹 ch10 下所有的文件一览表的话，listdir( ) 函数中的参数可以指定为 ch10。程序代码如下。

**程序 10-4**

```
1    import □ os
2    filenames □ = □ os.listdir('ch10')
3    for □ filename □ in □ filenames:
4    □□ print(filename)
```

此时，与之前一样，命令提示符的当前目录必须设置为 D:\Python\Python-ex。否则，程序将无法找到文件夹 ch10。当前文件夹的位置与引用的文件夹位置不一样时，称作文件夹位置的相对引用。用命令提示符运行程序 10-4，显示出 j1.txt ~ j7.txt 这 7 个文件名则表示程序运行成功，如下所示。

```
> □ python □ ch10-4.py
j1.txt
j2.txt
j3.txt
j4.txt
j5.txt
j6.txt
j7.txt
```

利用此程序不单可以显示文件名，实际上还可以对文件进行操作，具体应用实例将在下一节中介绍。

## 10.2.2 文件内容的输出

第 5 章程序 5-1 已经介绍了输出文件内容的程序，具体代码如下。

```
1    datafile □ = □ open('j.txt', □ encoding □ = □ 'utf-8')
2    for □ line □ in □ datafile:
3    □□ line □ = □ line.rstrip()
4    □□ print(line)
```

程序 5-1 只能输出一个文件的内容，如果要用此程序实现对多个文件的重复操作，则需要将上面的所有代码都放到循环中。完整代码如下。

**程序 10-5**

```
1    # □ -*- □ coding: □ utf-8 □ -*-
2    # □输出文件夹内所有文件的内容
```

```
3
4    import □ os
5    folder □ = □ 'ch10'
6    filenames □ = □ os.listdir(folder) □ # □获取文件名列表
7
8    # □对每个文件重复相同操作
9    for □ filename □ in □ filenames:
10
11   □□ # □打开文件, 对每行进行相同操作
12   □□ datafile □ = □ open(folder+'/'+filename, □ encoding □ = □ 'utf-8')
13   □□ for □ line □ in □ datafile:
14   □□□□ line □ = □ line.rstrip()
15   □□□□ print(line)
```

首先，将文件夹的名字赋值给 folder 变量（第 5 行）。第 6 行利用 folder 变量，获得文件夹下文件名的一览表。第 9 行代码表示对每个文件重复相同操作。第 12 行代码成功运行的前提是当前文件夹是 D:\Python\Python-ex。因为当前文件夹是 D:\Python\Python-ex，所以要想成功显示 ch10 文件夹下的内容，需要指定正确的路径，即当前文件夹下 ch10 文件下的 filename 文件。/（斜杠）是表示将文件夹名与文件名分隔开的符号。斜杠是 UNIX 系统中的常用符号，但是在 Python 中即便当前系统是 Windows 也能够正常工作。Windows 系统的分隔符号为 \（反斜杠），但反斜杠在 Python 中有特殊的用途（如 \t 表示 tab 符号）。

这个程序也可以用于将几个文件合并成一个大文件。将上面程序的结果使用重定向输出符号 ">" 保存即可（请参考第 5.2.2 小节）。例如，将文件合并后保存为 combined.txt 的代码如下。

```
> □ python □ ch10-5.py □ > □ combined.txt
```

**注意**：在此程序中，若对象文件夹下含有文本文件以外的文件或者字符编码不同的文件的话，运行时可能会报错。

### 10.2.3 文件名的输出

程序 10-5 只是单纯地显示文件内容，无法判断哪一部分内容属于哪个文件。若需要明确内容对应的文件，即需要输出文件内容的同时输出文件名等信息。这时可以试着在每个文件的开头部分首先输出文件名，然后输出文件内容。文件名保存在变量 filename 中，只需要在输出文件内容之前输出变量 filename 就可以了。程序代码如下（与程序 10-5 相比只新增第 10 行代码）。

**程序 10-6**

```
1    # □ -*- □ coding: □ utf-8 □ -*-
2    # □输出文件夹内文件名及其内容
3
4    import □ os
5    folder □ = □ 'ch10'
6    filenames □ = □ os.listdir(folder)
7
8    for □ filename □ in □ filenames:
```

```
9
10    □□print(filename)□#□输出文件名
11
12    □□#□打开文件，对每行进行相同操作
13    □□datafile□=□open(folder+'/'+filename,□encoding□=□'utf-8')
14    □□for□line□in□datafile:
15    □□□□line□=□line.rstrip()
16    □□□□print(line)
```

### 10.2.4　文件检索

对程序 10-5 稍做修改，就可以实现对文件夹下所有的文件进行检索。下面的代码就可以检索文件夹下全部文件中包含字符串 'the' 的行。

**程序 10-7**

```
1    #□-*-□coding:□utf-8□-*-
2    #□从文件夹下所有文件中检索 'the'
3
4    import□os
5    folder□=□'ch10'
6    filenames□=□os.listdir(folder)
7
8    for□filename□in□filenames:□
9
10   □□#□打开文件，对每行进行相同操作
11   □□datafile□=□open(folder+'/'+filename,□encoding□=□'utf-8')
12   □□for□line□in□datafile:
13   □□□□line□=□line.rstrip()
14   □□□□if□'the'□in□line:
15   □□□□□□print(line)
```

可以看出，该程序只是在第 14 行加入了"如果该行包含字符串 'the'"这一条件，然后将输出语句放在了该条件下。

### 10.2.5　文件替换

下面来探讨如何对文件夹下的全部文件进行替换操作。例如，正则表达式一章中学习了删除 ( ) 内拼音的程序，有时需要将该程序应用于文件夹下全部文件。这种情况，替换前有几个文件，替换后也需要有同样数量的文件。使用一个程序保存多个结果文件时，重定向输出操作符 ">" 不能满足要求，需要在 Python 脚本程序中指定输出文件。

设置输出文件时，建议选择以下两种方式其中一种保存文件。

1）以新的文件名保存输出结果。

2）输出结果保存至其他文件夹。

当然也可以用同样的文件名覆盖原文件进行保存，但是如果出错，将会破坏原数据，所以不推荐采用。使用以上两种方式保存文件的话，即使因程序中有错误而没有正确替换或者修改原数据，再次运行时也可以得到新的结果。

这里介绍一下按照上述 1 的方式保存文件。例如，现要将文件夹下全部文件中的"小

写英文字母变成大写字母"，并将以"原文件名 -new.txt"保存操作结果，如对文件 a.txt 执行操作后保存为文件 a-new.txt。

首先，考虑编写将一个文件（如 j.txt）中的小写英文字母全部变更为大写字母的程序。此时，需要使用 9.3 节介绍的 upper( ) 函数。

```
1    datafile □ = □ open('j.txt', □ encoding □ = □ 'utf-8')
2    for □ line □ in □ datafile:
3    □□ line □ = □ line.rstrip()
4    □□ print(line.upper())
```

而且在程序代码中，需要设置输入文件名和输出文件名。在下面的程序 10-8 中，为了设置输出文件名，需要利用 replace( ) 函数进行文件名的更改。

**程序 10-8**

```
1    # □ -*- □ coding: □ utf-8 □ -*-
2    # □ 将小写英文字母变成大写字母
3
4    inputfilename □ = □ 'j.txt'
5    # □ 使用替换更改文件名
6    outputfilename □ = □ inputfilename.replace('.txt', □ '-new.txt')
7
8    # □ 打开文件
9    inputfile □ = □ open(inputfilename, □ encoding □ = □ 'utf-8')
10   outputfile □ = □ open(outputfilename, □ 'w')
11
12   # □ 转换大写
13   for □ line □ in □ inputfile:
14   □□ line □ = □ line.rstrip()
15   □□ print(line.upper(), □ file=outputfile)
```

replace( ) 函数的用法如下。

```
替换对象字符串 .replace ( 替换前字符串 , □ 替换后字符串 )
```

输入文件名（保存在变量 inputfilename 中）的 .txt 替换为 -new.txt 时，代码如下。

```
inputfilename.replace('.txt', □ '-new.txt')
```

准确地说，这里的 .txt 并不一定是文件的扩展名，文件名中也可能含有字符串 .txt，这样就会产生问题。为了慎重起见，最好使用第 6.2.2 小节介绍的 endswith( ) 函数等方法确认一下。

除了像上面的程序一样指定 j.txt 等文件，还可以用之前讲过的 os.listdir( ) 函数，对文件夹下的全部文件执行相同的操作。具体代码如下。

**注意**：类似程序 10-8 部分的代码需要放在循环内部。

**程序 10-9**

```
1    # □ -*- □ coding: □ utf-8 □ -*-
2    # □ 将文件夹下所有文件中的小写英文字母变成大写字母
3
```

```
4   import □ os
5   folder □ = □ 'ch10'
6
7   # □ 对所有文件执行操作
8   for □ inputfilename □ in □ os.listdir(folder):
9
10  □□ # □ 使用替换更改文件名
11  □□ outputfilename □ = □ inputfilename.replace('.txt', □ '-new.txt')
12
13  □□ # □ 打开文件
14  □□ inputfile □ = □ open(folder+'/'+inputfilename, □ encoding □ = □ 'utf-8')
15  □□ outputfile □ = □ open(folder+'/'+outputfilename, □ 'w')
16
17  □□ # □ 转换大写
18  □□ for □ line □ in □ inputfile:
19  □□□□ line □ = □ line.rstrip()
20  □□□□ print(line.upper(), □ file=outputfile)
```

## 10.3　本章小结

　　本章的前半部分介绍了在程序代码中指定需要处理的文件名的方法，以及在程序代码中保存文件的方法；本章的后半部分介绍了使用 Python 获取文件夹信息及批处理的方法。

## 习题

　　1. 写一个程序输出"hello，world!"并保存为 test.txt。

　　2. 写一个程序 echo.py，输出命令行参数中的字符串。例如，在命令提示符中输入下列代码。

```
> □ python □ echo.py □ china
```

　　输出结果如下。

```
china
```

　　3. 写一个程序，输出当前文件夹内扩展名为 .txt 的文件一览表。

　　4. 程序 10-7（多文件检索）中，没有显示检索结果源自哪个文件。修改程序使在检索关键词匹配的地方显示出文件名。

　　5. [ 难 ]j.txt 文件由 7 个部分构成，每个部分之间用空白行隔成。写一个程序，将 j.txt 分成 j1.txt~j7.txt 这 7 个文件并自动保存。（注：程序还需要将文件自动命名。）

# Python 中的正则表达式

第 3 章讲解了在文本编辑器中使用正则表达式的方法。现在很多编程语言和工具都支持正则表达式，Python 也不例外。将之前学习的 Python 编程方法与正则表达式相结合，可以更方便地进行检索和替换，还可以统计特定表达方式出现的次数，并计算常用的统计指标。本章将基于第 3 章的内容，讲解 Python 中正则表达式的使用方法。

## 11.1　正则表达式检索

首先在交互式命令行模式下看一下正则表达式的使用方法。Python 中使用正则表达式时是先导入 re 模块。与第 10 章导入 sys 和 os 模块相同，输入以下代码即可。

```
>>>import □ re
```

Python 中正则表达式检索的基本写法如下。例如，验证变量 word 是否以 ing 结尾，可以参考以下代码。假如将 'interesting' 这一字符串赋值给变量 word，验证该字符串是否以 ing 结尾。

```
>>>word □ = □ 'interesting'
>>>result □ = □ re.search(r'ing$', □ word)
```

re.search( ) 函数的括号中需要两个参数，并且这两个参数中间用逗号分隔，语法规则如下。

```
re.search(正则表达式, □检索对象)
```

如上例中的 r'ing$' 所示，正则表达式前面有一个字符 r，这表示该字符串为"raw 字符串"。这能有效防止 Python 解释字符串中出现的特殊符号。在上面的例子中，因为没有特殊符号也可以省略 r。但在使用正则表达式时，为了防止出现错误，习惯上会在一般字符串前加上字符 r，这样可以防止今后一般字符和特殊符号产生的混乱。

如第 3.2.8 小节中介绍的那样，$ 是正则表达式表示"行尾"。本例中 $ 表示"字符串的末尾"。因此，可以使用 'ing$' 这一写法查询字符串是否以 ing 结尾。

### 11.1.1　匹配

若想判断正则表达式是否匹配，需要将 re.search( ) 函数部分作为 if 条件语句进行判断。如果正则表达式匹配，则返回值为 True（真）执行代码；如果正则表达式不匹配，则返回值为 False（假）不执行代码。例如，判断字符串是否以 'ing' 结尾的 if 条件语句代码如下。

```
>>>word □ = □ 'interesting'
>>>if □ re.search(r'ing$', □ word):
... □□ print('This □ word □ ends □ with □ -ing.')
```

本例中只有 re.search 匹配时，才执行 print 部分代码。也就是说，只有变量 word 满足正则表达式 r'ing$' 时，才执行 print 部分代码。当然不使用正则表达式，通过 6.2 节介绍的 endswith( ) 函数也可以实现同样的操作，如下所示。

```
>>>word □ = □ 'interesting'
>>>if □ word.endswith('ing'):
... □□ print('This □ word □ ends □ with □ -ing.')
```

但是，在语言研究中很多时候自带的函数并不能满足检索要求，只能够使用正则表达式进行匹配。特别是在进行词语搭配或者句法分析方面的检索时，使用正则表达式进行检索可以发挥巨大功能。

### 11.1.2　匹配行输出

本节将介绍使用正则表达式编写 Python 脚本程序。例如，想编写一个程序用来检索 as long as，as soon as 等 as…as 形式的行并输出。

第 3 章中介绍过，正则表达式中连续的英文字母可以表示为 [A-Za-z]+。所以像 as…as 这样中间含有一个单词的表现，可以用 \bas [A-Za-z]+ as\b 这一正则表达式来检索。

正则表达式中的 \b 与之前的 \t、\n 等类似，是特殊符号表示"词的边界"。使用 \b 可以确保 as 不是其他单词的一部分，这样排除了 was、asphalt 等单词的匹配。另外，\b 本身不匹配任何字符。

利用这个正则表达式，试着编写输出包含 as…as 形式的行的程序。程序的基本写法与第 6 章介绍的检索程序类似，不同之处在于 if 条件语句中使用正则表达式进行判断，具体代码如下。

**程序 11-1**

```
1   # □ -*- □ coding: □ utf-8 □ -*-
2   # □ 输出正则表达式匹配的行
3
4   import □ re
5
6   datafile □ = □ open('c.txt', □ encoding □ = □ 'utf-8')
7   for □ line □ in □ datafile:
8   □□ line □ = □ line.rstrip()
9   □□ if □ re.search(r'\bas □ [A-Za-z]+ □ as\b', □ line):
10  □□□□ print(line)
```

### 11.1.3　匹配单词统计

上一节学习了输出包含 as…as 形式行的方法。下面学习统计出现在 as…as 中间的单词，并输出频度最高的单词。上一节的程序可以输出全部的匹配行，但不能获取 as…as 中间的单词。

实际上，想要查询匹配的字符串是什么，首先要将 re.search( ) 的匹配结果保存为变量，可以参考下列代码。

```
>>>sentence □ = □ 'Let □ me □ know □ as □ early □ as □ possible.'
>>>result □ = □ re.search(r'\bas □ [A-Za-z]+ □ as\b', □ sentence)
```

这样一来，result 的内容就变成了"匹配对象"这一特殊数据。"匹配对象"中保存了作为检索对象的字符串，即正则表达式 \bas [A-Za-z]+ as\b 实际匹配的内容，以及一些附加信息。输入 result 后按 <Enter> 键执行，会得到以下内容。

```
>>>result
<re.Match □ object; □ span=(12, □ 23), □ match='as □ early □ as'>
```

从 result 中选取匹配的字符串，需要用到 group( ) 函数，代码如下。参数 0 表示仅输出"匹配的内容"。

```
>>>result.group(0)
'as □ early □ as'
```

我们的目标不是 'as early as' 全部字符，而只是获取夹在 as…as 中间的单词（这里是 early）。这种情况下就要用到正则表达式的"后向引用"功能。如第 3.2.9 小节中所介绍的那样，正则表达式中可以使用 ( ) 将匹配的内容暂时保存以供再次调用，这种方法叫作后向引用。使用后向引用时，首先需要将正则表达式 [A-Za-z]+ 部分用小括号括起来，这样正则表达式就变成了 \bas ([A-Za-z]+) as\b。

```
>>>sentence □ = □ 'Let □ me □ know □ as □ early □ as □ possible.'
>>>result □ = □ re.search(r'\bas □ ([A-Za-z]+) □ as\b', □ sentence)
```

然后，同样使用 group( ) 函数，代码如下。参数 1 表示正则表达式中第 1 个括号匹配的内容。

```
>>>result.group(1)
'early'
```

这样，就可以使用正则表达式输出任何匹配部分的内容。下面的程序 11-2 实现了使用上述的正则表达式统计 c.txt 中 as…as 之间出现的单词。

程序 11-2

```
1    # □ -*- □ coding: □ utf-8 □ -*-
2    # □ 统计 as □ … □ as 之间出现的单词
3
4    import □ re
5    freq □ = □ {}
```

```
6
7     datafile □ = □ open('c.txt', □ encoding □ = □ 'utf-8')
8     for □ line □ in □ datafile:
9     □□ line □ = □ line.rstrip()
10    □□ result □ = □ re.search(r'\bas □ ([a-z]+) □ as\b', □ line)
11    □□ if □ result:
12    □□□□ word □ = □ result.group(1)
13    □□□□ if □ word □ in □ freq:
14    □□□□□□ freq[word] □ += □ 1
15    □□□□ else:
16    □□□□□□ freq[word] □ = □ 1
17
18    # □ 输出字典
19    for □ word □ in □ freq:
20    □□ print(word □ + □ '\t' □ + □ str(freq[word]))
```

程序 11-2 与第 9 章中使用字典制作频度表的程序基本相同，新的内容只是"用正则表达式统计检索对象"。当然，也可以利用第 9 章中所学的内容，首先定义一个空白字典，然后每检索到一个 as…as 的表现就向字典中添加一个内容。这样的做法稍微烦琐。

第 10 行使用 re.search( ) 函数，将匹配结果保存到变量 result 中。第 11 行的"if result:"表示如果 result 不为空则执行第 12 ～ 16 行的 if 条件语句代码。第 12 行使用了 group( ) 函数将 as…as 之间的单词保存到变量 word 中。剩下的语句与之前的程序相同。

程序 11-2 的处理结果如图 11.1 所示。

图 11.1　程序 11-2 的处理结果

这个程序存在一个问题就是，re.search( ) 只能获取 1 个字符串中最初匹配的内容。因此，如果在一行中出现多个 as…as 时，只能匹配第 1 个 as…as（并且如果文件中有许多换行导致一句话跨行时，该程序也不能很好地检索 as…as 跨行的情况。这里我们暂时不对这些问题的解决方法进行讨论）。这种情况下，使用下一节将介绍的 re.findall( ) 函数会更加方便。

### 11.1.4 匹配单词列表

re.findall( ) 函数可以将匹配的字符串全部找出，并以列表的形式返回。

下面的例子将使用 re.findall( ) 函数将句子中出现的单词转换为列表。用到的正则表达式还是 [A-Za-z]+。如第 3 章所述，正则表达式具有尽可能匹配长字符串的特点。因此 [A-Za-z]+ 这一正则表达式将会匹配单词整体，不用担心匹配到单词的一部分（但是这里没有考虑处理 don't 之类含符号单词的情况）。

```
>>>sentence □ = □ 'How □ many □ words □ does □ this □ sentence □ have?'
>>>re.findall(r'[A-Za-z]+', □ sentence)
['How', □ 'many', □ 'words', □ 'does', □ 'this', □ 'sentence', □ 'have']
```

仅仅是这种应用的情况下，使用第 8.4.1 小节中介绍的 split( ) 函数也可以实现。但是，稍微复杂一点的情况，split( ) 函数则无法满足需要了，如检索 'harder'、'more difficult' 之类的比较级。

```
>>>sentence □ = □ 'The □ bigger, □ the □ more □ expensive.'
>>>re.findall(r'[A-Za-z]+er\b|\bmore □ [A-Za-z]+', □ sentence)
['bigger', □ 'more □ expensive']
```

以 er 为结尾的单词使用 [A-Za-z]+er\b 正则表达式匹配；more+ 形容词的表现使用 \bmore [A-Za-z]+ 正则表达式匹配。因为比较级可以有以上两种表现形式，所以检索这两种比较级，需要在两个正则表达式中间加上 |（竖线）即可。另外，该正则表达式也可以匹配 'her' 等干扰词，也漏掉了 'worse' 这样的单词。所以，作为抽取单词比较级的正则表达式还不完善。

## 11.2 替换

Python 中使用正则表达式进行替换时，使用 re.sub( ) 函数。re.sub( ) 函数包含 3 个参数，分别是替换对象、替换目标和替换变量。也就是说，把替换变量中的替换对象，替换成替换目标。re.sub( ) 函数的语法规则如下。

```
re.sub ( 替换对象, □ 替换目标, □ 替换变量 )
```

例如，将字符串 line 中所有的制表符（tab）替换为半角空格的话，可以使用以下代码。

```
line □ = □ re.sub(r'\t', □ r' □ ', □ line)
```

下面以第 11.1.2 小节中介绍的检索程序为例，具体介绍一下替换功能。第 11.1.2 小节中输出了包含 as...as 表现的行，但并没有对匹配部分进行修改，所以结果看起来不是非常醒目。这里使用替换功能将夹在 as...as 中间的词附上 * 符号加以强调，例如 ***soon***。

**程序 11-3**

```
1    # □ -*- □ coding: □ utf-8 □ -*-
2    # □使用正则表达式突出显示
3
4    import □ re
5
```

```
6    datafile □ = □ open('c.txt', □ encoding □ = □ 'utf-8')
7    for □ line □ in □ datafile:
8    □□ line □ = □ line.rstrip()
9    □□ if □ re.search(r'\bas □ [A-Za-z]+ □ as\b', □ line):
10   □□□□ output □ = □ re.sub(r'\bas □ ([A-Za-z]+) □ as\b', □ r'as □ ***\1*** □ as',
     □ line)
11   □□□□ print(output)
```

这里，替换对象是 r'\bas □ ([A-Za-z]+) □ as\b'，替换目标是 r'as □ ***\1*** □ as'，替换变量是 line。如第 3.2.9 小节所介绍的那样，替换目标中的 \1 表示后向引用，与替换对象的 ( ) 匹配的内容相同。本例中表示的是 ([A-Za-z]+) 部分，即相当于 as…as 之间的词。

## 11.3　本章小结

本章讲解了在 Python 中使用正则表达式的方法。Python 中载入 re 模块后，便可以使用正则表达式了。然后，介绍了 re 模块中用于检索的 re.search( ) 函数和 re.findall( ) 函数，以及用于替换的 re.sub( ) 函数。

## 习题

1. 使用正则表达式从 CMU 辞典（cmu.txt）中抽出结尾发音为 /z/ 的词，写出程序并运行。

2. 检索文本中是否含有以 ing 结尾的单词并输出，写出程序并运行。例如，'She was watching a movie. ' 输出 'watching'，'The movie is boring. ' 输出 'boring'。没有以 ing 结尾的单词，则输出 'There is no word ends with –ing. '（如 'He is a singer. ' 则输出 'There is no word ends with –ing. '）。

3. 编写程序从文本 c.txt 中检索包含 get to 的句子。程序同时可以检索 get you to 这样中间插入其他词的情况。有能力的话，还可以试着同时检索 got to 等不同的形式。

第 3 篇

# Python 应用：以汉语文本为中心

第 3 篇将基于第 2 篇的内容，首先介绍汉语和日语的词性标注工具，然后以汉语文本为对象介绍 Python 操作，这些操作同样适用于日语及其他语言。

第 12 章将介绍两种汉语词性标注工具，即 NLPIR 和 Python 的 jieba 工具库。第 13 章介绍日语的词性标注工具，本书主要介绍 ChaMame 这一词性标注工具。第 14 章，将介绍在 Python 中处理汉语、日语等语言所必要的文字编码等相关操作方法。第 15 章和第 16 章主要介绍汉语文本数据的检索方法。第 15 章介绍的是基本的 KWIC 检索程序，第 16 章则进一步讲解搭配检索程序。第 15 章以后难度将增大，请各位读者再接再厉，勇闯难关。

# 汉语词性标注基础及常用工具

汉语、日语这样的语言在书写时，词与词之间没有分隔符。因此，与英语相比，这些语言区别词汇要相对困难一些。区别词汇困难，意味着在检索时可能会出现没有想到的情况。例如，检索"同学"这一词汇时，会匹配"在大同学技术"这样的句子。要排除这样的检索杂质，需要花费很多的时间和精力。词性标注工具就是为了解决这类问题而开发的。汉语的主流词性标注工具有中国科学院计算技术研究所研发的 NLPIR、Python 的 jieba 工具库、Hanlp 分词器、哈尔滨工业大学研发的 LTP、清华大学研发的 THULAC 等。由于篇幅有限，本章主要介绍 NLPIR 和 Python 的 jieba 工具库。

## 12.1　汉语词性标注

词性即词汇的基本语法属性，词性标注又被叫作词类标注或简称标注，是对文本进行分词操作时确定每个词是名词、动词、形容词或其他词性的过程。经过词性标注的文本常常会给后续操作带来很大的便利性。

图 12.1 是使用 NLPIR 网页版（http://ictclas.nlpir.org/nlpir/）对下面一段话的解析结果。从图 12.1 可以看出，NLPIR 不但对文本进行了分词，还对文本进行了词性标注。以"大连海事大学"为例，将其分成了"大连 /ns"、"海事 /n"和"大学 /n"3 个词，"/ns"表示地名，"/n"表示名词。具体的汉语词性标记集请参考计算所汉语词性标记集（http://ictclas.nlpir.org/nlpir/html/readme.htm）。

> 大连海事大学（Dalian Maritime University），简称海大，是交通运输部所属的全国重点大学，由交通运输部、教育部、国家海洋局、国家国防科技工业局、辽宁省人民政府和大连市人民政府重点共建；是国家"211 工程"重点建设高校、国家"双一流"世界一流学科建设高校；入选"111 计划"、"卓越工程师教育培养计划"、"卓越法律人才教育培养计划"和"中国政府奖学金来华留学生接收院校"。学校素有"航海家的摇篮"之称，是中国著名的高等航海学府，是被国际海事组织认定的世界上少数几所"享有国际盛誉"的海事院校之一。

图 12.1　NLPIR 网页版解析例

图 12.1　NLPIR 网页版解析例（续）

## 12.2　汉语词性标注工具

### 12.2.1　NLPIR

NLPIR 在各个领域的分词精准度相对较高，是最具代表性的汉语分词软件之一。NLPIR 提供网页版和本地安装文件两种形式，都可以从图 12.2 所示网址选择进入相应的页面。由于 NLPIR 网页版每次处理文本的字数限制是 3000 字，因此需要处理大规模文本时，建议下载安装文件进行汉语分词和标注。

http://ictclas.nlpir.org/

图 12.2　NLPIR 主页

下面简单讲解 NLPIR 本地安装文件的下载、安装和使用。

单击图 12.2 中的 "NLPIR 下载" 链接后，显示出如图 12.3 所示的页面，单击 "Download ZIP" 按钮后等待下载完成后将文件解压，然后双击进入 NLPIR-Parser 文件夹，再根据操作系统的位数进入对应的 bin-win32 或 bin-win64 文件夹。然后双击运行 "NLPIR-Parser.exe" 文件，显示如图 12.4 所示的界面。

图 12.3　NLPIR 下载页面

图 12.4　NLPIR 本地版批量分词

由于篇幅有限，这里只讲解使用 NLPIR 进行分词的操作，其他功能的使用请参考使用手册。如图 12.4 所示，①选择最上面的 "批量分词" 选项卡；②单击 "语料源所在路" 文本框右边的扩展按钮（三个圆点），选择需要解析语料所在的文件夹；③设置分词结果保存路径，这一步与第②步类似；④单击"语料库分词"按钮，即可将文件夹内的所有文件进行分词并加标注。在这里，需要注意的一点是，如果需要解析的文件编码是 GB2312 的话，输出结果存在一定的问题（2019.4.25 下载的 NLPIR 版本）。因此，需要将用 GB2312 编码的文件改为用 UTF-8 编码的文件再进行分词。

图 12.5 所示为使用 NLPIR 对《挪威的森林（中译本）》第一章的分词结果，这种结果虽然与原文的每行数据保持一致，但是有时却不利于 Python 等工具的处理。大多数工具更擅长处理表格形式的文本文件，因此经常将图 12.5 所示的分词结果进一步加工成表格形式的文本文件，具体方法将在第 14 章介绍。最后需要说明的是，本地版 NLPIR 的授权不是永久的，授权过期后还需要到下载页面更新授权。

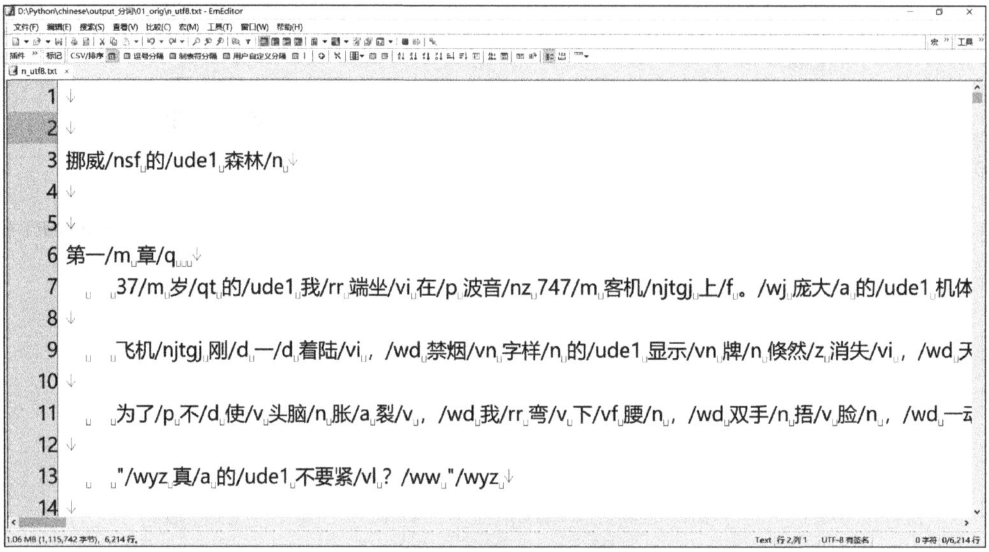

图 12.5　NLPIR 分词结果

## 12.2.2　Python jieba

本节介绍另一个应用广泛的汉语分词工具 Python 的 jieba 工具库。jieba 可以通过命令提示符安装，打开命令提示符，输入以下代码安装 jieba，安装成功后会显示如图 12.6 所示的界面。

```
pip install jieba      # 安装 jieba 命令
```

jieba 分词提供精确模式、全模式和搜索引擎模式 3 种分词模式。精确模式是一种试图将句子最精确切分的分词模式。全模式是一种输出句子中所有可能词的分词模式。搜索引擎模式是一种在精确模式基础上，对长词再次切分的分词模式。例如，以"大连海事大学"为分词对象，三种模式的分词结果如下。

> 精确模式：　大连海事大学
> 全模式：　　大连 /□大连海事大学 /□海事 /□大学
> 搜索引擎模式：大连 /□海事 /□大学 /□大连海事大学

　　由解析结果可知，全模式和搜索引擎模式的解析结果中存在重复，即"大连海事大学"和"大连""海事""大学"同时存在。我们可以根据研究目的选择合适的分词模式。下面以精确模式为例，讲解分词和标注。程序 12-1 是实现使用 jieba 精确模式分词和标注的程序。

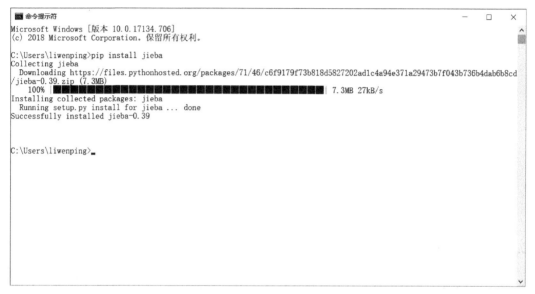

图 12.6　安装 jieba 分词工具

**程序 12-1**

```
1    # □ -*- □ coding: □ utf-8 □ -*-
2    # 使用 jieba 分词并标注
3
4    import □ jieba
5    import □ jieba.posseg □ as □ pseg □ # 导入 jieba □ posseg 分词模块
6
7    # 待解析文件是 n_utf8.txt
8    datafile □ = □ open('n_utf8.txt','r',encoding='utf-8')
9    words □ = □ pseg.cut(datafile.read())
10   for □ word □ in □ words:
11   □□ print(str(word))
```

　　第 4 行和第 5 行代码分别表示导入 jieba 分词和其中的 posseg 分词模块。假设待分词文件是 n_utf8.txt，第 8 行代码表示读取待分词文件，读者可以修改 n_utf8.txt 文件名来处理需要分词的文件。关于 open( ) 函数将在第 14 章中详细介绍。

　　程序 12-1 会将分词结果输出到显示器上，与之前的章节一样，可以使用重定向输出符号">"将结果保存至文件。图 12.7 所示为使用 jieba 对《挪威的森林（中译本）》第一章进行分词的结果。与 NLPIR 的输出结果相比，jieba 的输出结果是表格形式的文本文件，该形式更利于后续的数据处理与分析。以上就完成了使用 jieba 分词工具对汉语文本进行分词和标注。

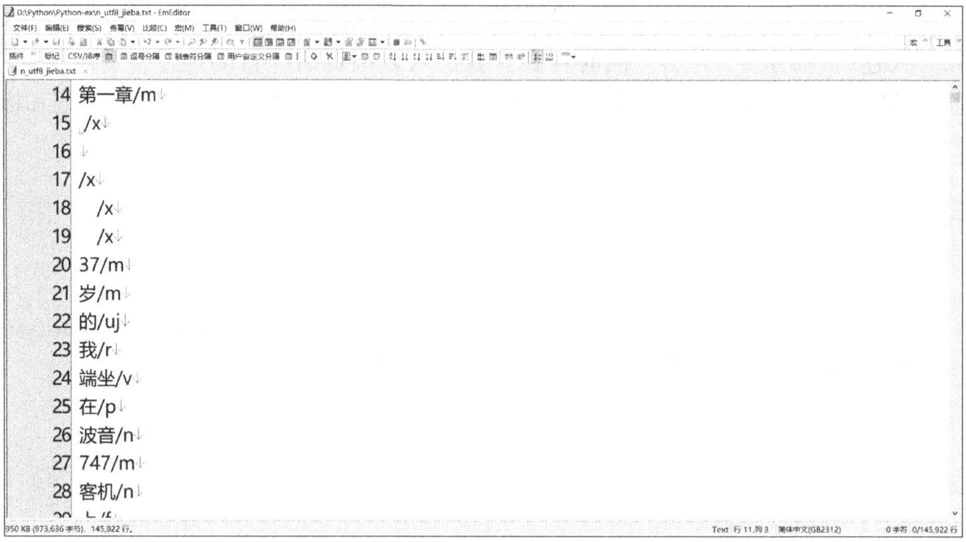

图 12.7 jieba 分词结果

## 12.3 本章小结

汉语的单词与单词之间没有分隔符，在计量语言学、计量风格学等研究领域，分词和标注是进行文本处理的基础操作。本章介绍了 NLPIR 和 Python 的 jieba 工具库两种汉语分词工具的安装和使用。读者可以结合两种工具的特点以及自己的研究目的选择使用。

## 习题

1. 在网上选取新闻数据，尝试用 NLPIR 和 jieba 进行分词。

2. 分别使用 NLPIR 和 jieba 解析本书附带样本文本 nj.txt 文件，将结果分别保存为 nj_nlpir.txt 和 nj_jieba.txt 文件。

3. 从习题 2 的解析结果中任意选取 10 个句子，比较 NLPIR 和 jieba 的分词精度。

第 13 章　　*Chapter 13*

# 日语形态素解析工具

与汉语一样，日语文本的词与词之间也没有分隔符。因此，在进行数据分析之前，也需要先分词并标注。日语分词和标注的过程在相关领域一般被称作"形态素解析"，本书也使用形态素解析这一术语。本章主要介绍日语形态素解析及其工具，以及使用方法等问题。

## 13.1　形态素解析

将句子切分为形态素（语素，morpheme）的工具，就是形态素解析工具。形态素解析工具的作用主要有两个：①将句子切分为形态素，即分词；②对切分好的形态素，添加词性等信息。例如，把"太郎が花子にお金をもらった。"进行形态素解析的结果见表 13.1。

表 13.1　形态素解析实例

| 原形 | 原形读音 | 语义素读音 | 语义素 | 词性 | 活用类型 | 活用形式 |
|---|---|---|---|---|---|---|
| 太郎 | タロー | タロウ | タロウ | 名詞 - 固有名詞 - 人名 - 名 | | |
| が | ガ | ガ | が | 助詞 - 格助詞 | | |
| 花子 | ハナコ | ハナコ | ハナコ | 名詞 - 固有名詞 - 人名 - 名 | | |
| に | ニ | ニ | に | 助詞 - 格助詞 | | |
| お | オ | オ | 御 | 接頭辞 | | |
| 金 | カネ | カネ | 金 | 名詞 - 普通名詞 - 一般 | | |
| を | オ | ヲ | を | 助詞 - 格助詞 | | |
| もらっ | モラッ | モラワ | 貰う | 動詞 - 非自立可能 | 五段 - ワア行 | 連用形 - 促音便 |
| た | タ | タ | た | 助動詞 | 助動詞 - タ | 終止形 - 一般 |
| 。 | | | 。 | 補助記号 - 句点 | | |
| EOS | | | | | | |

虽然使用不同的形态素解析工具的解析结果多少会有些出入，但基本上可以得到表 13.1 所列的结果。表 13.1 第 1 列（从左边数，下面同理）是原形（书字形），即文章中实际出现的形式；第 2 列是原形读音列，即文章中出现形式的发音信息；第 3 列是语义素○的读音列；第 4 列是语义素列；第 5 列是词性列；第 6 列是活用类型；第 7 列是具体的活

---

○　语义素日语"語彙素（lexeme）"，汉语可以翻译为词位，与形态素一样，本书采用日语说法的汉字表达。

用形式。最后一行的 EOS 是 End Of Sentence 的缩写，一般表示文本一行的结束。之前已经讲解过，一般对于计算机来说是"一行"的意思，含有一个换行符。

通常，语言研究者只需要能够选择合适的形态素解析工具，并能够灵活使用就可以了。形态素解析作为自然语言处理中最基本的技术之一，是文本处理必不可少的工具。

## 13.2 形态素解析工具简介

首先来介绍安装形态素解析工具的方法。形态素解析工具通常由解析器和解析辞典（简称辞典）构成。解析器和辞典二者构成一个整体，实现形态素解析功能。因此，在研究中如果用到形态素解析，必须说明使用的解析器和辞典的类型和版本。

形态素解析器有很多种类，既有免费的工具，也有收费的工具。2010 年前后，主要流行的是奈良先端科学技术大学院大学开发的 ChaSen（http://chasen-legacy.osdn.jp/）。但是，近年来日语界更多使用的工具是 MeCab（http://taku910.github.io/mecab/）。

接下来介绍解析辞典。一般意义上，辞典是对词条进行语义解释，并附上用例的工具。但形态素解析工具中的辞典有表记⊖、读音以及词类等信息，没有用例。目前常用的辞典有 IPADic、UniDic 和 JumanDic。IPADic 包含在 MeCab 和 ChaSen 的 Windows 安装包中，是自带的安装组件。如果需要使用 UniDic 时，则需要单独安装。现在，形态素解析一般使用 MeCab 与 UniDic 组合。二者组合的精度约为 98%，是解析器和辞典中精度较高的组合。

以上介绍的解析器和辞典都是免费工具。下面以解析器 MeCab 和辞典 UniDic 的组合为例，介绍其具体的安装和使用方法。

### 13.2.1 软件下载

首先，需要下载 MeCab 和 UniDic 的 Windows 安装文件。MeCab 可以从以下网址下载。

```
http://taku910.github.io/mecab/#download
```

如图 13.1 所示，MeCab 有多个版本，请选择 Binary package for MS-Windows 下面的 mecab-0.996.exe 这一版本。单击下载链接，下载安装程序（2019 年 3 月）。

接下来从以下网址下载 UniDic 安装文件，下载界面如图 13.2 所示。

```
https://unidic.ninjal.ac.jp/download#unidic_bccwj
```

UniDic 也有多个版本，本书撰写时的最新版本是 UniDic 2.3.0（2019 年 3 月）。该版本又进一步分为书面语（现代書き言葉 UniDic）、口语（现代話し言葉 UniDic）和古日语（古文用 UniDicS）3 个版本。请根据需要分析的数据类型选择合适的版本。

**注意**：之前版本的 UniDic，如 UniDic 2.1.2 只有 46MB 左右，但是 UniDic 2.3.0 版本压缩文件约 2.1GB，解压后的文件约为 7GB。请留出足够的空间下载 UniDic。另外，读者也可以尝试使用 UniDic 2.1.2 版本进行形态素解析。本书以书面语 UniDic 2.3.0 为例，介绍软件的安装方法。

---

⊖ 同 "形态素解析" 和 "语义素" 一样，本书采用日语词汇 "表記" 的汉字表达 "表记"，意思为书写（方法）。

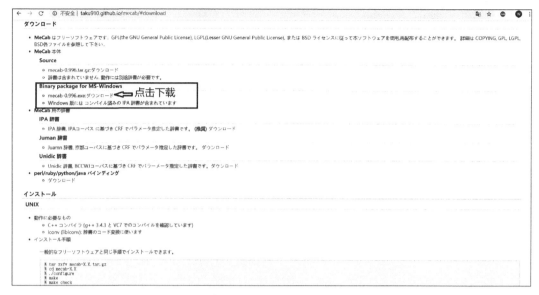

图 13.1　MeCab 下载界面

图 13.2　UniDic 下载界面

### 13.2.2　软件安装

（1）安装 MeCab

1）双击 MeCab 的安装文件 mecab-0.996.exe，会出现如图 13.3 所示的选择文字编码的界面，请选择 UTF-8 编码。

2）选择安装路径。需要记住该路径，之后导入 UniDic 辞典需要使用。这里的安装路径是 D:\Program Files (x86)\MeCab。之后的界面与安装其他程序一样，如果没有特殊情况的话，单击 "Next" 或 "Yes" 按键即可，如图 13.4 所示。

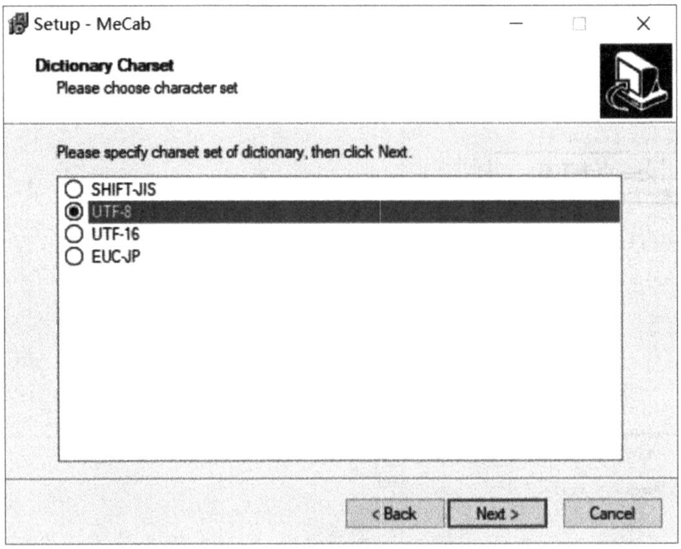

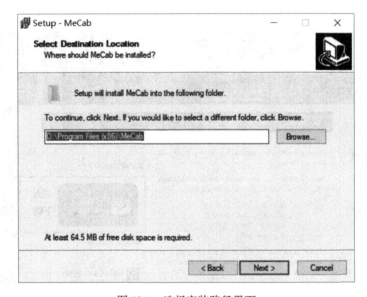

图 13.3　选择文字编码的界面

图 13.4　选择安装路径界面

3）如图 13.5 所示，显示解析辞典构建界面。然后，出现安装成功界面，如图 13.6 所示。这样 MeCab 就安装成功了。

（2）安装 UniDic　将下载的 unidic-cwj-2.3.0.zip 压缩文件解压后，双击打开。unidic-cwj-2.3.0 文件夹下有一个 ChaMame for Windows 文件夹。双击打开该文件夹后，里面有两个文件：一个文件是 ChaMame Install guide.pdf，为说明文档；另一个文件是 ChaMameSet-up.msi，为 ChaMame 的安装文件。双击 ChaMameSetup.msi 文件，出现如图 13.7a 所示的开始界面，进行安装。如果没有特殊情况，单击继续按键，并选择安装路径就可以完成安装，如图 13.7b 所示。

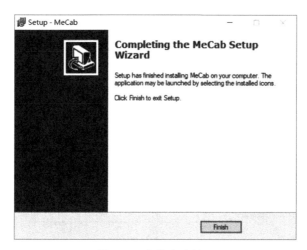

```
D:\Program Files (x86)\MeCab\bin\mecab-dict-index.exe                    —    □    ×
reading . \unk.def ... 40
emitting double-array: 100% |#########################################|
. \model.def is not found. skipped.
reading . \Adj.csv ... 27210
reading . \Adnominal.csv ... 135
reading . \Adverb.csv ... 3032
reading . \Auxil.csv ... 199
reading . \Conjunction.csv ... 171
reading . \Filler.csv ... 19
reading . \Interjection.csv ... 252
reading . \Noun.adjv.csv ... 3328
reading . \Noun.adverbal.csv ... 795
reading . \Noun.csv ... 60477
reading . \Noun.demonst.csv ... 120
reading . \Noun.nai.csv ... 42
reading . \Noun.name.csv ... 34202
reading . \Noun.number.csv ... 42
reading . \Noun.org.csv ... 16668
reading . \Noun.others.csv ... 151
reading . \Noun.place.csv ... 72999
reading . \Noun.proper.csv ... 27327
reading . \Noun.verbal.csv ... 12146
reading . \Others.csv ... 2
reading . \Postp-col.csv ... 91
reading . \Postp.csv ... 146
reading . \Prefix.csv ... 221
reading . \Suffix.csv ... 1393
reading . \Symbol.csv ... 208
```

图 13.5 解析辞典构建界面

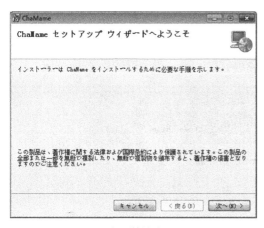

图 13.6 安装成功界面

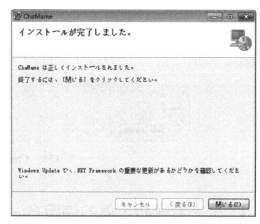

a）开始界面                          b）安装完成界面

图 13.7 ChaMame 安装界面

（3）向 MeCab 中添加辞典　将 unidic-cwj-2.3.0 文件夹整体复制到 D:\Program Files (x86)\MeCab\dic 文件夹下。刚才安装 MeCab 时，让读者标记了 MeCab 的安装路径，找到该文件夹后，下面会有一个 dic 文件夹。现在将 unidic-cwj-2.3.0 文件夹复制到 dic 文件夹下即可。这样就完成了解析器 MeCab 和 UniDic 辞典的解析环境。需要说明的是，ChaMame 是 Windows 系统下调用解析器 MeCab 的工具。而解析器 MeCab 在解析文本时，需要使用辞典（UniDic）作为解析的标准。

成功安装完 ChaMame 后，桌面上会出现一个 ChaMame 的图标，如图 13.8 所示，双击该图标运行 ChaMame 出现如图 13.9 所示的界面。下一节将详细介绍使用 ChaMame 进行形态素解析的方法。

图 13.8　ChaMame 图标

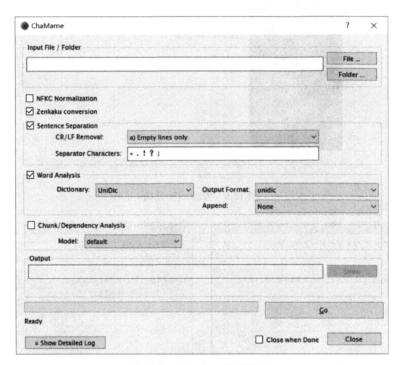

图 13.9　ChaMame 解析界面

## 13.3　形态素解析工具的使用方法

上一节介绍了在本地计算机安装 ChaMame 的方法。本节介绍如何使用安装的形态素解析工具解析数据。使用 ChaMame 进行形态素解析的方法有两种：一是用命令提示符将数据导入到 MeCab 中然后解析；二是使用 ChaMame 进行解析（ChaMame 相当于调用 MeCab 的一个平台）⊖。第二种方法可以使用鼠标进行形态素解析操作，简单直接。因此，这里主要讲解使用 ChaMame 进行形态素解析的方法。

使用 ChaMame 进行形态素解析时，大体可分为两个步骤：①选择需要解析的数据；②指定解析选项和输出格式。下面依次介绍这两个步骤的具体操作。

### 13.3.1　数据的选择

在此步骤中，选择需要解析的数据。这里需要注意的是，解析文件的编码是 UTF-8，有时 SHIFT-JIS 编码的文件也可以正常解析，为了在 UNIX、Mac 和 Windows 系统间文件都可以顺利读写并解析，建议使用 UTF-8 编码的 .txt 文档。

ChaMame 选择解析数据的方法有两种（图 13.10）：

方法 1：选择文件。单击"File"按钮，浏览并选择文件所在的位置，导入数据。使用这种方法一次只能解析 1 个文档。

方法 2：选择文件夹。该方法的操作与选择文件的类似，单击"Folder"按钮，浏览并选择文件夹所在的位置，导入文件夹内的所有数据。使用这种方法一次可以解析文件夹内的所有文档。如果文件较大可能会需要较长的时间。

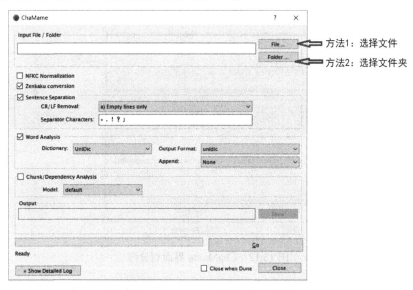

图 13.10　ChaMame 选择解析文件界面

下面以解析芥川龙之介的小说《蜜桔》（mikan.txt）为例，具体介绍 ChaMame 的使用方法。在对 mikan.txt 进行形态素解析前，请再次确认文件编码为 UTF-8。

单击"File"按钮，在打开的窗口中浏览选择 mikan.txt 文件。假设文件保存在 D:\

⊖ 除了使用本地安装的 ChaMame 进行形态素解析之外，ChaMame 还提供了网页解析功能，即 WebChaMame。安定版 WebChaMame 的网址是 https://unidic.ninjal.ac.jp/chamame/。最新版 WebChaMame 的网址是 http://chamame.ninjal.ac.jp/。

Python\Python-ex 文件夹中，选择后的结果如图 13.11 所示。这样选择解析数据的步骤就完成了。

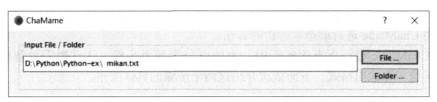

图 13.11　选择解析文件界面

## 13.3.2　输出选项

如图 13.12 所示，在选择文件区和解析选项区之间还有一些字符处理选项，称作字符选项区。NFKC Normalization 是 Unicode 正规形式的一种。Zenkaku coversion 表示全角转换。Sentence Separation 表示句子分隔符，可以理解为对句子的定义。一般地，对字符选项区的选项保持默认状态进行文件解析即可。当然，也可以根据研究目的进行选择。下面主要说明解析选项区的操作方法。

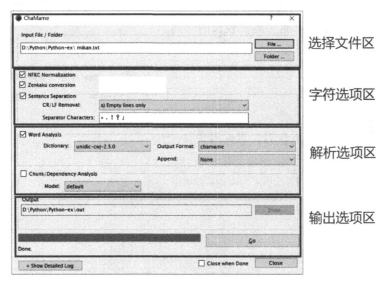

图 13.12　ChaMame 界面划分图

解析选项区主要分为两部分解析：第 1 部分解析为 Word Analysis 解析，即形态素解析部分，使用的工具是 MeCab；第 2 部分解析为 Chunk/Dependency Analysis 解析，即句法分析（構文解析），使用的工具是 Cabocha。如果想进行数据的句法分析，还需要另外安装 Cabocha 软件才能完成。本章主要是介绍形态素解析，所以对句法分析不做深入探讨。

如图 13.12 所示，Word Analysis 解析只有 3 个下拉列表框分别是 Dictionary、Output Format 和 Append。Append 下拉列表框保持默认值 None 即可。Dictionary 顾名思义是选择解析辞典的选项。Output Format 是选择输出格式的选项。这两个下拉列表的详细内容可以参考图 13.13。

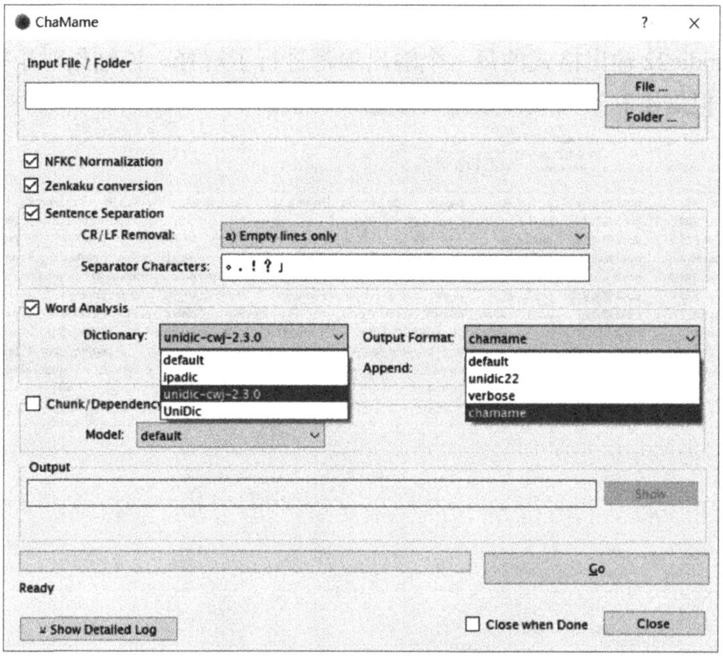

图 13.13　Word Analysis 选项区

Dictionary 下拉列表中除了 default 还有 ipadic 和 unidic-cwj-2.3.0（由于笔者机器还装有 UniDic 2.1.2 所以还有一个选项是 UniDic）。Output Format 下拉列表中除了 default 还有 unidic22、verbose 和 chamame，默认的 default 格式就是 unidic22 格式。

假设解析辞典选择 unidic-cwj-2.3.0，依次比较一下 unidic22、verbose 和 chamame 这 3 种输出格式的不同。对于"太郎が花子にお金をもらった。"这一句子，unidic22 输出格式如图 13.14 所示。从图中可以看出，该结果中包含了很多冗余信息，而且对于初学者来说，每一项解析结果的意思不是非常明确。

图 13.14　unidic22 输出格式

接下来看一下 verbose 输出结果（见图 13.15）。可以看出，结果果然很 verbose（冗长）。可以理解为将 unidic22 输出格式的每一个输出项都进行了解释。该结果对于初学者来说可以学到很多内容，但是不利于大规模数据的形态素解析。

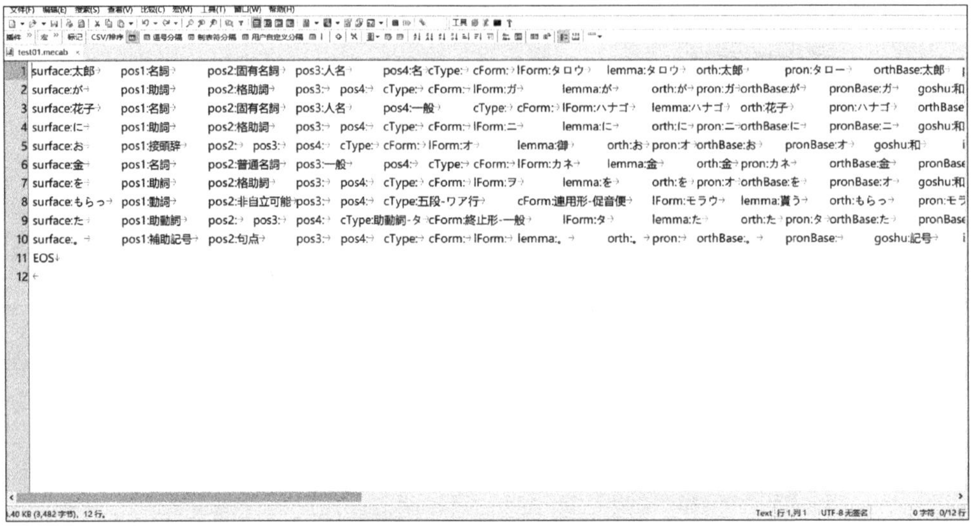

图 13.15　verbose 输出格式

最后，看一下 chamame 输出格式，如图 13.16 所示⊖。该格式的结果最为简洁，也是最常用的输出形式之一。将该格式复制后粘贴到 Excel 的话，可以得到表 13.2。表 13.2 比表 13.1 多出了 3 列，分别是最左边的句子边界列，以及最右边的原形读音和词汇种类列。

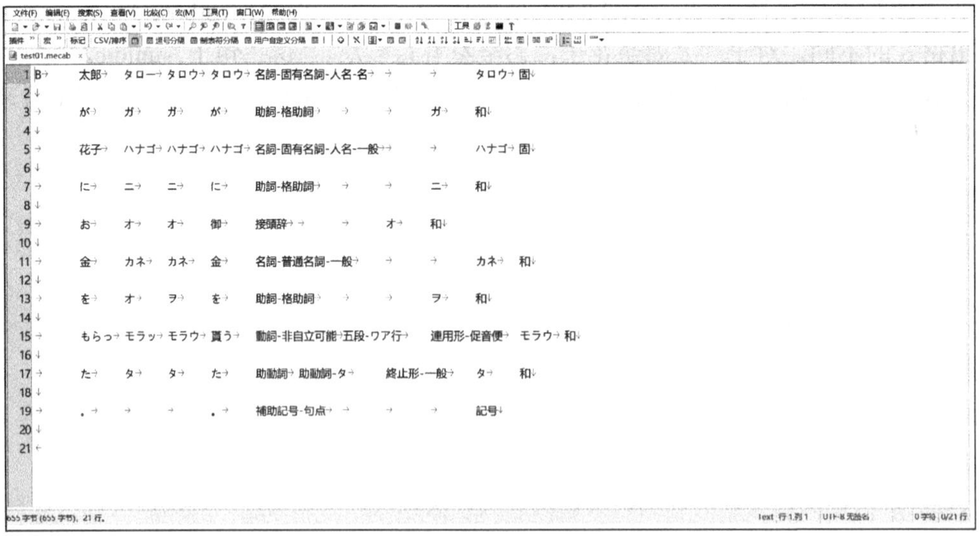

图 13.16　chamame 输出格式

---

⊖　使用 unidic-cwj-2.3.0 输出的 chamame 格式会出现多余的空白行，这可能是 chamame 的一个 bug（错误）。解决的方法有 3 种：方法 1，使用 UniDic 2.1.2 代替 UniDic 2.3.0，这样解析的结果不会出现多余的空白行；方法 2，在文本编辑器中将空白行删除之后，再复制到 Excel 中；方法 3，将结果复制到 Excel 后，筛选空白以外的行再复制粘贴到新的表格中。

句子边界列中只有一个 B，表示句子的开头位置。有的版本的解析器与辞典的搭配，会将 B 以外行的句子边界标记为 I，表示非句子开头位置。原形读音列与第 3 列一致。最右边的词汇种类列表示对词汇种类进行判断的结果。"固"表示固有名词，即专有名词。"和"表示和语词汇。"漢"表示汉字词汇。

　　读者可以根据研究的需要选择不同形式的输出格式。

表 13.2　chamame 输出格式

| 句子边界 | 原形 | 原形读音 | 语义素读音 | 语义素 | 词性 | 活用类型 | 活用形式 | 原形读音 | 词汇种类 |
|---|---|---|---|---|---|---|---|---|---|
| B | 太郎 | タロー | タロウ | タロウ | 名詞 - 固有名詞 - 人名 - 名 | | | タロー | 固 |
| | が | ガ | ガ | が | 助詞 - 格助詞 | | | ガ | 和 |
| | 花子 | ハナコ | ハナコ | ハナコ | 名詞 - 固有名詞 - 人名 - 名 | | | ハナコ | 固 |
| | に | ニ | ニ | に | 助詞 - 格助詞 | | | ニ | 和 |
| | お | オ | オ | 御 | 接頭辞 | | | オ | 和 |
| | 金 | カネ | カネ | 金 | 名詞 - 普通名詞 - 一般 | | | カネ | 和 |
| | を | オ | ヲ | を | 助詞 - 格助詞 | | | オ | 和 |
| | もらっ | モラッ | モラウ | 貰う | 動詞 - 非自立可能 | 五段 - ワア行 | 連用形 - 促音便 | モラウ | 和 |
| | た | タ | タ | た | 助動詞 | 助動詞 - タ | 終止形 - 一般 | タ | 和 |
| | 。 | | | 。 | 補助記号 - 句点 | | | | 記号 |

## 13.4　形态素解析的注意事项

### 13.4.1　解析精度

　　一般来说，形态素解析器是以标准的书面语为前提设计而成的。所以，在解析文体和表记不标准的内容时，可能会出现一些错误。例如，使用 ChaMame 解析只含有平假名的文章时，解析精度可能会下降。同样以"太郎が花子にお金をもらった。"为例，如果该句完全以平假名书写，再使用 ChaMame 进行解析，其结果见表 13.3。

表 13.3　平假名句子解析结果

| 句子边界 | 原形 | 原形读音 | 语义素读音 | 语义素 | 词性 | 活用类型 | 活用形式 | 原形读音 | 词汇种类 |
|---|---|---|---|---|---|---|---|---|---|
| B | たろう | タロー | タ | た | 助動詞 | 助動詞 - タ | 意志推量形 | タ | 和 |
| | が | ガ | ガ | が | 助詞 - 接続助詞 | | | ガ | 和 |
| | はなこ | ハナコ | ハナコ | ハナコ | 名詞 - 固有名詞 - 人名 - 名 | | | ハナコ | 固 |
| | に | ニ | ニ | に | 助詞 - 格助詞 | | | ニ | 和 |

（续）

| 句子边界 | 原形 | 原形读音 | 语义素读音 | 语义素 | 词性 | 活用类型 | 活用形式 | 原形读音 | 词汇种类 |
|---|---|---|---|---|---|---|---|---|---|
| | お | オ | オ | 御 | 接頭辞 | | | オ | 和 |
| | かね | カネ | カネ | 金 | 名詞 - 普通名詞 - 一般 | | | カネ | 和 |
| | を | オ | ヲ | を | 助詞 - 格助詞 | | | オ | 和 |
| | もらっ | モラッ | モラウ | 貰う | 動詞 - 非自立可能 | 五段 -ワア行 | 連用形 -促音便 | モラウ | 和 |
| | た | タ | タ | た | 助動詞 | 助動詞 -タ | 終止形 -一般 | タ | 和 |
| | 。 | | | 。 | 補助記号 - 句点 | | | | 記号 |

对比表 13.2 和表 13.3 可以发现，"たろう"和"が"的解析出现了错误。因此，熟悉形态素解析器的这些特点，对于实际的解析非常重要。

## 13.4.2　解析单位

进行形态素解析的目的之一就是切分单词，并基于此结果来计算单词的出现频度，或者更为准确地抽出含有某单词的具体使用实例。但是，这里所说的"单词"，也就是以形态素解析分割出的单位，并不一定等同于语言学意义上的"单词"。因为不同的解析器和辞典，解析的结果也不尽相同。但多数情况下，分割出的单位要比一般语言学中所说的"单词"小，比"形态素"大。

下面来比较一下 MeCab 与 UniDic 组合解析的结果，和 MeCab 与 IPADic 组合解析的结果之间的差异。解析对象是"中国人、中国語、日本人、日本語"，MeCab 与 UniDic 组合解析的结果见表 13.4，MeCab 与 IPADic 组合解析的结果见表 13.5。

表 13.4　MeCab 与 UniDic 组合解析的结果

| 原形 | 原形读音 | 语义素读音 | 语义素 | 词性 | 词汇种类 |
|---|---|---|---|---|---|
| 中国 | チューゴク | チュウゴク | 中国 | 名詞 - 固有名詞 - 地名 - 国 | 固 |
| 人 | ジン | ジン | 人 | 接尾辞 - 名詞的 - 一般 | 漢 |
| 中国 | チューゴク | チュウゴク | 中国 | 名詞 - 固有名詞 - 地名 - 国 | 固 |
| 語 | ゴ | ゴ | 語 | 名詞 - 普通名詞 - 一般 | 漢 |
| 日本 | ニッポン | ニッポン | 日本 | 名詞 - 固有名詞 - 地名 - 国 | 固 |
| 人 | ジン | ジン | 人 | 接尾辞 - 名詞的 - 一般 | 漢 |
| 日本 | ニッポン | ニッポン | 日本 | 名詞 - 固有名詞 - 地名 - 国 | 固 |
| 語 | ゴ | ゴ | 語 | 名詞 - 普通名詞 - 一般 | 漢 |

表 13.5　MeCab 与 IPADic 组合解析的结果

| 原形 | 原形读音 | 辞书形 | 词性 |
|---|---|---|---|
| 中国人 | チュウゴクジン | 中国人 | 名詞 - 一般 |
| 中国 | チュウゴク | 中国 | 名詞 - 固有名詞 - 地域 - 国 |

（续）

| 原形 | 原形读音 | 辞书形 | 词性 |
|---|---|---|---|
| 語 | ゴ | 語 | 名詞 - 接尾 - 一般 |
| 日本人 | ニッポンジン | 日本人 | 名詞 - 一般 |
| 日本語 | ニホンゴ | 日本語 | 名詞 - 一般 |

UniDic 被称为"短单位"辞典，从表 13.4 可以看出，"中国人、日本人、中国語、日本語"都被解析为"中国"和"人"，"日本"和"人"，"中国"和"語"，"日本"和"語"等 2 个较短的单位。因此，使用 UniDic 解析的结果是统一的。但是，使用 IPAdic 辞典解析的结果就出现了差异。"中国人"被解析为 1 个单位，而"中国語"被解析为 2 个单位；相对于此，"日本人"和"日本語"都被解析为 1 个单位。从这里可以看出，使用 IPAdic 辞典解析的结果是不统一的。因此，现在很多日语研究倾向使用 MeCab 与 UniDic 组合解析文本。

另外，虽然 UniDic 解析结果是短单位数据，但有时候同样会面临结果不统一的问题。例如，解析复合动词就会出现结果不一致的现象。表 13.6 是使用 UniDic 解析"取り入れる、取り込む、取りこぼす、取りなおす、取り始める、取り交わす"的结果。由表可以看出，除"取り始める"解析为 2 个单位以外，其他 5 个词都解析为 1 个单位。因此，即使使用 UniDic 解析，其结果也不一定都如预想的那样。针对具体的研究对象，需要在观察解析结果后，采用适当的方法对解析结果进行整理。

表 13.6　MeCab 与 UniDic 解析复合动词的结果

| 原形 | 语义素读音 | 语义素 | 词性 | 词汇种类 |
|---|---|---|---|---|
| 取り入れる | トリイレル | 取り入れる | 動詞 - 一般 | 和 |
| 取り込む | トリコム | 取り込む | 動詞 - 一般 | 和 |
| 取りこぼす | トリコボス | 取り零す | 動詞 - 一般 | 和 |
| 取りなおす | トリナオス | 取り直す | 動詞 - 一般 | 和 |
| 取り | トル | 取る | 動詞 - 一般 | 和 |
| 始める | ハジメル | 始める | 動詞 - 非自立可能 | 和 |
| 取り交わす | トリカワス | 取り交わす | 動詞 - 一般 | 和 |

## 13.5　本章小结

与汉语一样，日语单词与单词之间也没有明显的分隔符，且很多研究都需要统计词汇的频度等信息，因此需要解决分词问题。该问题可以使用形态素解析工具来解决。本章介绍了形态素解析工具 ChaMame 的安装和使用。此外，还说明了形态素解析时常见的问题。在熟悉形态素解析工具的特点与不足后，才能灵活地应用形态素解析工具进行研究。

# 习题

1. 在网上选取新闻数据，尝试用 ChaMame 解析。

2. 将各种例子输入 ChaMame，调查形态素解析的精度。例如，检验 ChaMame 是否能正确解析 "読んじゃう"、"分かんない" 等口语表现，以及是否能正确解析 "ここではきものを脱いでください" 等有歧义的句子。

3. 解析本书附带样本文件 mikan.txt，将结果保存为 mikan_mecab.txt 文件。

第 14 章    Chapter 14

# Python 处理汉语文本

第 12 章介绍了汉语词性标注的方法。因为标注结果可以保存为文本文件，所以可以进一步使用 Python 对其处理。例如，制作汉语文本的词汇频度表，或者指定关键词进行检索。本章将讲解使用 Python 读写汉语数据的方法，然后介绍使用 Python 处理词性标注结果等实际例子。同样的方法也适用于日语等其他语言。

## 14.1　文本的读写

使用 Python 读写基本字母、数字、常用符号以外的文档时，需要指定文字编码。例如，读写汉语、日语文本时需要指定文字编码，明确告诉 Python 使用什么编码进行读写。

在第 2 章中已经讲解过，汉语常用的编码有 GB-2312，日语常用的编码有 Shift-JIS、JIS、EUC-JP 等。但是，为了便于不同操作系统间文件的读写，建议统一使用 UTF-8 编码。UTF-8 编码支持各种语言，而且在不同操作系统间都可以正常读取，支持的软件也非常多。

在 Python 上以特定文字编码读写文档时，可以使用第 10 章中介绍的 open( ) 函数。假设文件 sample.txt 是以 UTF-8 编码保存的。使用 Python 读取此文件时，需要按照以下代码，使用 encoding 选项指定读取文件时的编码。

```
datafile □ = □ open('sample.txt', □ encoding='utf-8')
```

同样地，如果想以 UTF-8 编码形式保存 sample.txt 文件，可以按照以下代码，指定写入文件时的编码 encoding 选项。（w 是 writing 写入的意思。具体请参照第 10.1.2 小节。）

```
datafile □ = □ open('sample.txt', □ 'w', □ encoding='utf-8')
```

当然，有时候也需要使用 UTF-8 以外的文字编码。例如，购买的语料库数据是用其他的文字编码公开的，或者使用的软件只能处理 GB-2312 编码等情况。汉语、日语经常使用的文字编码在 Python 中的表示方式见表 14.1。

表 14.1　Python 的文字编码

| 文字编码 | Python 的表示方法 | 文字编码 | Python 的表示方法 |
|---|---|---|---|
| UTF-8 | utf-8 | JIS(ISO-2022-jp) | iso-2022-jp |
| GB-2312 | gb2312 | EUC-JP | euc-jp |
| Shift-JIS | s-jis | | |

另外，因为 UTF-8 是 Python 3 的标准文字编码，所以可以省略。

**注意：**在使用 EmEditor 保存文件时，UTF-8 编码可以选择有签名和无签名。有的时候，保存汉语文件即使选择 UTF-8 无签名，再次打开文件的时候也会被强制改为 GB-2312，导致程序无法正常运行。此时，就需要选择 UTF-8 有签名的形式保存。有签名的意思是，文档开头会有一种叫作字节顺序标记（Byte Order Mark，BOM）的辅助记号，让程序识别所用的编码。

但是，有的时候读取带有 BOM 的文档时，即使指定 UTF-8 编码也不能正常运行，此时，就需要指定 utf-8-sig 文字编码。utf-8-sig 编码在没有 BOM 的时候也可以运行。因此，在不清楚文本是否有 BOM 标记时，可以指定 utf-8-sig 编码，保证程序的正常运行。在中文 Windows 系统上保存文件和运行程序时，经常会遇到编码问题。此时，需要检验文件编码、程序编码，以及读写程序时的编码。

在本书附带的样本文件中，n_gb.txt 的文字编码是 GB-2312。所以，打开 n_gb.txt 文件时需要指定读取编码，具体方式如下。

```
datafile = open('n_gb.txt', encoding='gb2312')
```

下面的程序 14-1 是实现使用 Python 将 n_gb.txt 的文字编码变换为 UTF-8 的。

**程序 14-1**

```
1    # -*- coding: utf-8 -*-
2    # 使用 Python 更改文件编码
3
4    inputfile = open('n_gb.txt', 'r', encoding='gb2312')
5    outputfile = open('n_utf8.txt', 'w', encoding='utf-8')
6    for line in inputfile:
7        print(line, file=outputfile)
```

在此程序中，输入文档和输出文档均在程序内指定（请参考第 10.1.2 小节）。在第 4 行和第 5 行代码中，选项 'r' 和 'w' 分别指定文档作为"输入文档"和"输出文档"打开。此外，使用 encoding 将输入文档和输出文档分别设定不同的文字编码。

成功生成 n_utf8.txt 文件后，使用 EmEditor 等编辑器打开文件，确认其编码是否是 UTF-8 编码。

## 14.2　汉语单词频度表

第 9 章讲解了制作英语词汇频度表的方法。本章基于第 12 章的词性标注，介绍制作汉语词汇频度表的方法。

制作汉语词汇频度表大致有 2 种方法。

第 1 种方法：仅以词汇为关键词统计频度，进而制作频度表。例如，"深远的影响"中的"影响"是名词，而"影响生活"中的"影响"是动词。使用第 1 种方法会将像"影响"这样的，形式相同但词性不同的词语，作为同一词语进行统计。根据研究目的，有的时候需要区别同一词语作为名词使用的频度和作为动词使用的频度。此时，不能仅以词汇为关键词统计频度。

第 2 种方法：把词汇和词性同时作为关键词统计频度，制作词汇频度表。也就是说，将"影响"以及"v"或者"vn"作为一个整体，即"影响 /v"或者"影响 /vn"作为关键词统计词汇频度。

本节主要介绍使用第 2 种方法制作词汇频度表。因为使用第 2 种方法制作的频度表可以再次加工得到第 1 种方法的词汇频度表，但是使用第 1 种方法制作的频度表不能再得到第 2 种方法制作的频度表。

在第 12 章中，使用 NLPIR 和 jieba 对《挪威的森林（中译本）》第一章进行了分词和标注。对于 NLPIR 的标注结果（见图 14.1），直接可以修改 9.2 节介绍的程序 9-2，得到如图 14.2 所示的词汇频度表。但是，这种方法不适用于 jieba、Chamame 以及 TreeTagger 的分词结果。

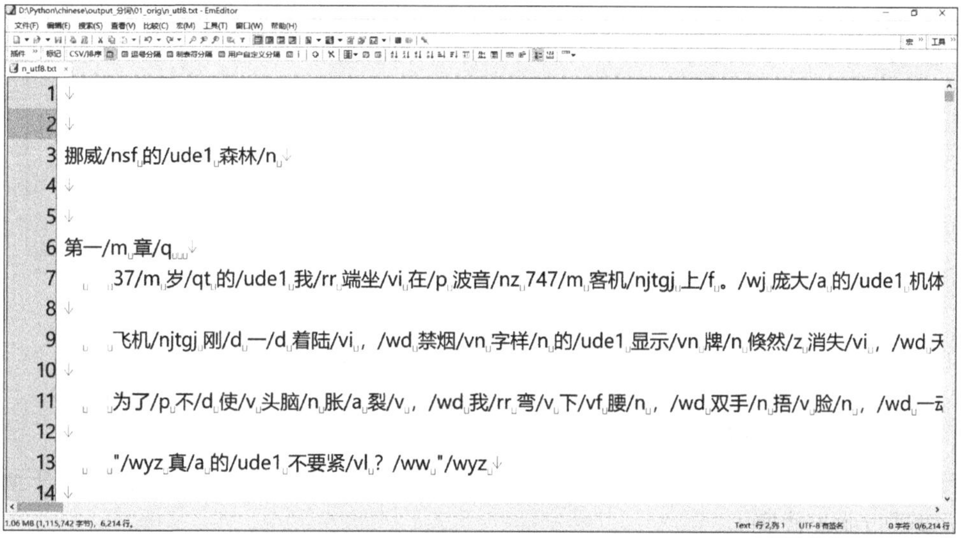

图 14.1　NLPIR 分词结果

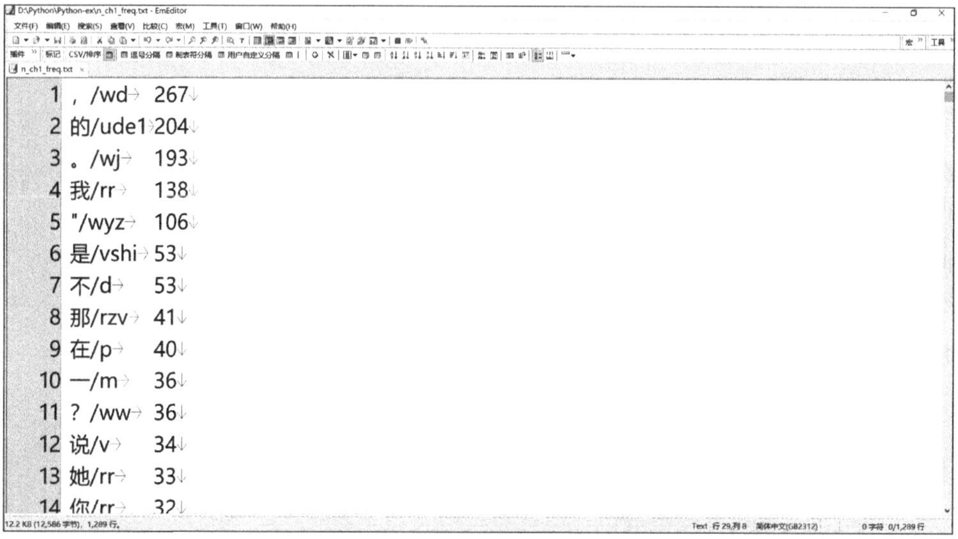

图 14.2　《挪威的森林（中译本）》第一章词汇频度表

下面介绍一种适用范围更广的制作词汇频度表的方法。使用的数据是《挪威的森林（中译本）》第一章的 jieba 分词结果（见图 14.3）。（没有分词成功的读者，也可以使用本书附带的 n_utf8_jieba.txt 文本。该文本也是使用 jieba 对《挪威的森林（中译本）》第一章进行分词后的文本。需要注意的是，此数据尚未经过人工校对，可能含有解析错误。）

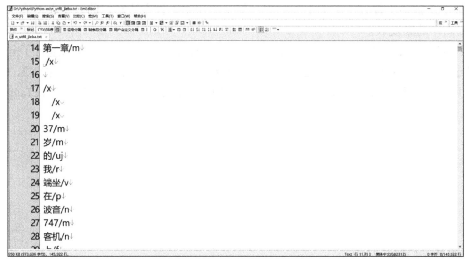

图 14.3　jieba 分词结果

在制作词汇频度表之前，需要对 jieba 分词结果进一步加工整理。

1）删除半角空格。使用 EmEditor 的替换功能，将半角空格及其标注替换为空。

2）删除空白行。将行首的换行符替换为空。

3）将斜杠替换为下画线（该步骤可有可无。由于笔者习惯将词汇与词性用下画线连接，所以进行此步替换）。

4）在第 1 行添加题目"词汇 _ 词性"，得到如图 14.4 所示的结果，并将该文件保存为 n_utf8_jieba2.txt。

替换操作具体可参考以下正则表达式。

```
查找　　□/x
替换为
```

```
查找　　　^\n
替换为
```

```
查找　　　/
替换为　　_
```

使用图 14.4 所示的文件制作汉语词汇频度表的代码如下。

```
1   # □-*-□coding:□utf-8□-*-
2   # □使用词性标注结果制作词汇频度表
3
4   freq□=□{}□#□定义空字典
5
6   datafile□=□open('n_utf8_jieba2.txt',□encoding='utf-8')
```

```
7    for □ line □ in □ datafile:
8    □□ line □ = □ line.rstrip()
9    □□ keyword □ = □ line □ #□抽出关键词
10   □□
11   □□ #□更新频度字典
12   □□ if □ keyword □ in □ freq:
13   □□□□ freq[keyword] □ += □ 1
14   □□ else:
15   □□□□ freq[keyword] □ = □ 1
16
17   #□输出字典
18   for □ word □ in □ freq:
19   □□ print(word □ + □ '\t' □ + □ str(freq[word]))
```

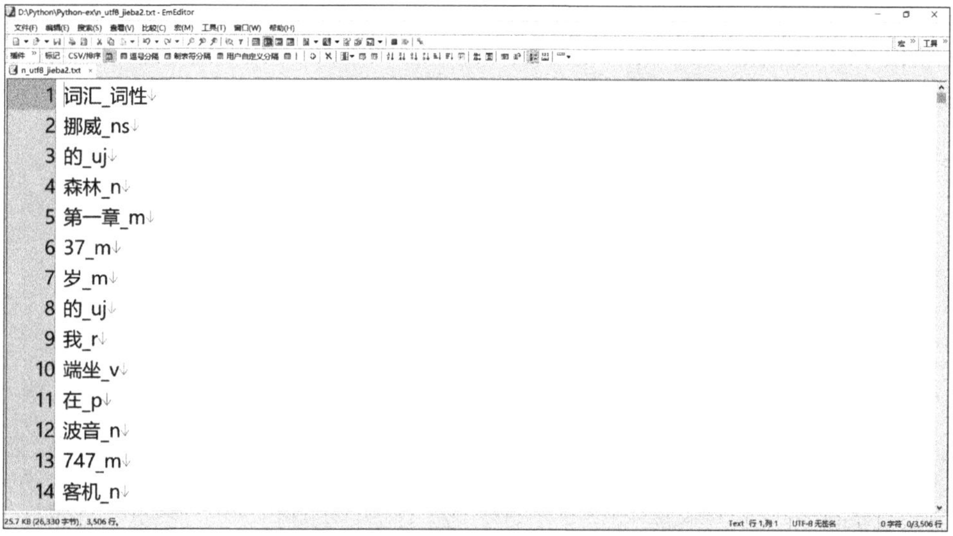

图 14.4　对 jieba 分词结果进行整理

首先，由于 n_utf8_jieba2.txt 的文字编码是 UTF-8，所以在第 6 行中用 open( ) 函数打开 n_utf8_jieba2.txt 时，需要使用 encoding='utf-8' 指定文字编码（在 Python 3 中 UTF-8 是默认编码，指定文字编码部分也可以省略）。

其次，关于制作词汇频度表部分的代码，同 9.2 节讲解的一样也需使用字典。在制作汉语词汇频度表时，每一行即为一个关键词，所以第 9 行代码将 line 赋值给 keyword 变量。最后的第 18 行和第 19 行代码用于输出字典内容，这部分与 9.2 节介绍的程序完全相同。

实际上，这个程序存在一个问题。为了表示列的意思，在 n_utf8_jieba2.txt 文件首行添加了题头，即"词汇 _ 词性"。这种做法便于理解文件的意思，有的时候从 Excel 复制过来的数据也可能包含题头。因此，上面的程序把列名也作为语料的实际内容，统计其频度了。下面对以上代码进行改进，让程序执行时跳过文件首行。跳过文件首行的方法很多，这里采取以下方法。首先，定义一个表示文件首行的变量 header，并设置其值为 True。

```
header □ = □ True
```

然后，在循环中添加如下判断语句。

```
□□ if □ header:
□□□□ header □ = □ False
□□□□ continue
```

当 header 为真（True）时，将 header 设置为 False，然后跳过这次循环，进入下一次循环。因为 header 的初始值为 True，所以第 1 次循环一定会执行一次 if 语句，这样就会跳过第 1 次循环。与此同时，从第 2 次循环开始 header 的值就变成了 False，所以上面这段代码也就不会再运行了。

这种方法的优点是，在处理没有标题行的数据时，不需要对程序整体做出大的改动，只需要将程序开始部分的 header 初始值由 True 改为 False 即可（读者请考虑一下为什么这样就能够成功运行）。

```
header □ = □ False
```

完整程序如下所示。

**程序 14-2**

```
1   # □ -*- □ coding: □ utf-8 □ -*-
2   # □使用词性标注结果制作词汇频度表
3
4   freq □ = □ {} □ # □定义空字典
5   header □ = □ True □ # □设置起始行为真
6
7   datafile □ = □ open('n_utf8_jieba2.txt', □ encoding='utf-8')
8   for □ line □ in □ datafile:
9
10  □□ # □跳过起始行
11  □□ if □ header: □
12  □□□□ header □ = □ False
13  □□□□ continue
14
15  □□ line □ = □ line.rstrip()
16  □□ keyword □ = □ line □ # □抽出关键词即词汇 _ 词性
17  □□
18  □□ # □更新频度字典
19  □□ if □ keyword □ in □ freq:
20  □□□□ freq[keyword] □ += □ 1
21  □□ else:
22  □□□□ freq[keyword] □ = □ 1
23
24  # □输出字典
25  for □ word □ in □ freq:
26  □□ print(word □ + □ '\t' □ + □ str(freq[word]))
```

## 14.3 动词频度表

利用词性标注结果的词性信息可以更精确地统计词汇频度。例如，只统计动词频度等操作。这些操作只需要将前一节介绍的程序稍做修改就可以实现。词性标注结果的每一行信息是"词汇_词性"，可以使用 9.2 节中介绍的 split( ) 函数将"词汇"和"词性"切分并提取词性信息。具体可以参考以下代码（词性的英语是 part of speech，所以变量名使用其缩写 pos）。

```
　　columns　=　line.split('_')
　　word　=　columns[0]　#　抽出词汇
　　pos　=　columns[1]　#　抽出词性
```

可以使用 == 判断提取出的 pos 是否为动词，具体代码如下。

```
pos　==　'v'
```

统计动词频度时，使用上述代码跳过不满足条件的行，只统计满足条件的词汇频度即可。此时，可以使用 continue（请参考第 7.2.1 小节），具体代码如下。

```
　　if　not　pos　==　'v':
　　　　continue
```

完整程序如下所示。

**程序 14-3**

```
1    #　-*-　coding:　utf-8　-*-
2    #　使用词性标注结果，统计动词频度
3
4    freq　=　{}　#　定义空字典
5    header　=　True　#　设置起始行为真
6
7    datafile　=　open('n_utf8_jieba2.txt.txt',　encoding='utf-8')
8    for　line　in　datafile:
9
10       　　#　跳过起始行
11       　　if　header:　
12       　　　　header　=　False
13       　　　　continue
14
15       　　line　=　line.rstrip()
16
17       　　columns　=　line.split('_')
18       　　word　=　columns[0]　#　抽出词汇信息
19       　　pos　=　columns[1]　#　抽出词性信息
20
21       　　#　跳过动词以外行
22       　　if　not　pos　==　'v':
23       　　　　continue
24
25       　　#　更新频度字典
26       　　if　word　in　freq:
27       　　　　freq[word]　+=　1
28       　　else:
29       　　　　freq[word]　=　1
30
```

```
31  #□输出字典并降序排列
32  for□word□in□sorted(freq,□key=freq.get,□reverse=True):
33  □□print(word□+□'\t'□+□str(freq[word]))
```

程序 14-3 的运行结果如图 14.5 所示，即制作出了文本中动词的频度表。

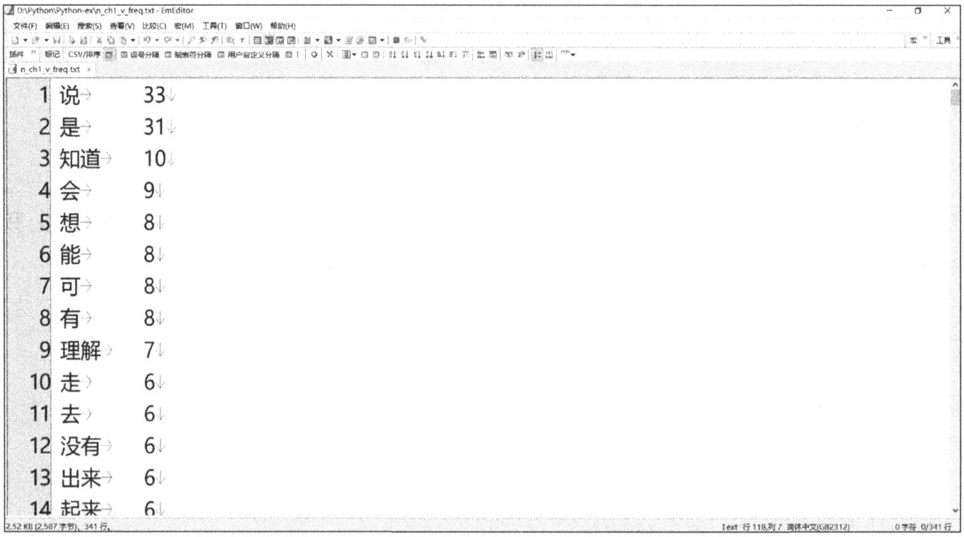

图 14.5　动词频度表

这里只是以动词为例介绍了制作频度表的方法。还可以通过修改程序 14-3 中第 22 行的词性信息，制作不同词性的频度表。

## 14.4　本章小结

本章介绍了通过使用 Python 处理汉语词性标注结果的方法。使用这些方法可以制作汉语词汇表，还可以进一步制作某一词性的词汇频度表。本章中介绍的方法也适用于日语和英语的词性标注文本。

## 习题

1. 编写程序，读取本书附带的样本文件 nj.txt，并将其显示在屏幕上。
2. 请调查 nj.txt 文件中出现的名词，并制作名词频度表。

第 15 章　　　　　Chapter 15

# KWIC 检索

本章将利用第 12 章中的词性标注文件，探讨以汉语语料库为对象实现 KWIC 检索的方法。KWIC 检索就是将检索的关键词及其前后语境同时显示的一种方法。

## 15.1　KWIC

KWIC 是 KeyWord In Context 的缩写，可以将检索的关键词及其前后语境同时显示（见表 15.1）。通过 KWIC 显示方式，可以观察关键词的使用特点和功能。KWIC 显示方式是目前检索关键词时最为常用的形式之一。

表 15.1 是以 n_utf8.txt 为对象，检索"大地"一词时的部分结果。如果检索对象是原始语料，那么使用 EmEditor 这样的文本编辑器就可以实现 KWIC 检索。但是，这种检索的精度不高。例如，可能会匹配"不大地道"或"关东大地震"等这样的表现。

表 15.1　KWIC 检索实例

| 前语境 | 关键词 | 后语境 |
| --- | --- | --- |
| 11 月砭人肌肤的冷雨，将 | 大地 | 涂得一片阴沉。 |
| 反正看上去不 | 大地 | 道。 |
| 他讲了关东 | 大地 | 震，讲了战争，讲了我出生前后 |
| 一身银装的 | 大地 | 同苍穹之间只有些许空隙。 |
| 一块莫 | 大地 | 皮的一角 |

使用图 14.1 中的词性标注文档，虽然可以提高检索的精度，但是由于词性标注结果文档中除了词汇信息，还包含词性信息，因此，只用文本编辑器检索关键词的话，很难得到像表 15.1 那样简洁明了的数据。

此时，可以使用 Python 对词性标注后的数据进行检索，并输出 KWIC 形式的文件。不仅如此，以词性标注后的文本为对象处理数据，还可以根据词性信息对结果进一步进行筛选。下面来讲解使用 Python 检索词性标注后的文本，并将关键词以 KWIC 形式输出。

## 15.2　KWIC 检索程序

KWIC 检索程序，大体可以分为以下 3 步。

1）读入词性标注后的数据（n_utf8_jieba2.txt）（请参考第 15.2.1 小节）

2）从读取的数据中找出希望检索的关键词（请参考第 15.2.2 小节）

3）将检索的关键词连同前后语境表示出来（请参考第 15.2.3 小节）

因为 KWIC 检索程序比目前的所有程序都要复杂，所以将上述 3 个步骤分为不同的小节分别讲解，在第 15.2.4 小节中会给出最终程序。虽然最终程序很重要，但是希望读者对每一个步骤都能够很好地理解。这样，可以对基于每个步骤的程序加以修改和应用，实现更多符合自己研究的操作。

### 15.2.1　读入数据

在 KWIC 检索程序中，首先要读取全部数据。

本章之前的大多数程序，都是从文档中读取一行数据处理一行数据，处理完毕后清空变量再读取下一行数据，即边读取边处理。这种方法不用占用太多的内存空间，处理速度也相对较快。但是，这种方法不能用于 KWIC 检索程序，因为 KWIC 需要输出关键词的前后文，并且需要有变量保存前后文信息。而大多数词性标注后的数据前后文不在同一行，如果按照处理一行数据后清空变量，再读取下一行的方式的话，将无法显示前后文。因此，首先要读取文档的全部数据，根据需要输出前后 20 个单词，或者前后 50 个单词等情况。需要注意的是，这里介绍的方法需要一次性读取文档的全部内容，需要处理的数据如果太过庞大，本方法将无法使用。但如果处理像 n_utf8_jieba2.txt 这样几兆、几十兆以内的文件的话，对于现在的计算机来说问题不大。

如何在 Python 中保存 n_utf8_jieba2.txt 所有的数据呢？可以使用"字典列表"。所谓字典列表是指每个元素是字典的列表。下面看一个简单的例子，见表 15.2。

表 15.2　词性标注信息例

| SPELLING | POS |
|----------|-----|
| good | Adj |
| morning | Noun |

表 15.2 是包含词性标注信息的"good morning"数据。如果想将这些数据赋值给变量 words 时，可以使用字典列表，具体代码如下。

```
>>>words □ = □ [
...□□□ {'spelling': □ 'good', □ 'pos': □ 'adj'},
...□□□ {'spelling': □ 'morning', □ 'pos': □ 'noun'}]
```

**注意**：定义列表使用 [ ]，而定义字典使用 { }，二者需要区别使用。

如果想输出上面数据中第 2 个单词的词性信息，需要如何表达呢？首先，words 是一个列表，输出列表中的第 2 个元素，可以使用 words[1]（因为列表的索引从 0 开始，所以第 2 个元素的索引是 1）。其次，在第 9 章介绍的字典基础知识中，在字典名后面输入方括号和键，则可以得到对应的值。本例中字典名是 words[1]，方括号和键是 ['pos']。因此，输出第 2 个单词的词性信息的表达式如下。

```
>>>words[1]['pos']
'noun'
```

从输出结果可以知道，第 2 个单词的词性为名词。

下面介绍如何读入词性标注后的数据，并构建字典列表。

词性标注后的文档（n_utf8_jieba2.txt）首行是标题行，可以将其作为字典的键加以利用。例如，想输出某单词的词汇信息时，可以使用 word[' 词汇 '] 来调用。

第 14 章中的程序 14-2 跳过了标题行信息。由于没有标题行信息，所以在调用特定元素时，必须知道每一列保存的是哪些信息。例如，想调用并输出词汇信息时，必须知道词汇是第 0 列，因此使用 columuns[0] 来获取。汉语的词性标注结果只有"词汇"和"词性"两列，使用 columuns[0] 这样的标记也不至于将"词汇"和"词性"弄混。但是，如果需要处理英语的词性标注或者日语的词性标注文件，使用 columuns[0] 这样的标记时需要弄清楚每列的内容，而且要保证不能出错。如果利用字典的话，可以直接以 columuns[' 词汇 '] 或者 word[' 词汇 '] 来调用和输出，提高程序的可读性。

读入 n_utf8_jieba2.txt 文件，并构建字典列表的代码如下所示。

**注意**：这些代码只是用来读取数据，并不是完整的程序。

```
1    words □ = □ []
2    header □ = □ True
3
4    # □读入数据并制作单词列表
5    datafile □ = □ open(' n_utf8_jieba2.txt ', □ encoding='utf-8')
6    for □ line □ in □ datafile:
7
8        □□ line □ = □ line.rstrip()
9
10       □□ if □ header:
11           □□□□ header □ = □ False
12           □□□□ keys □ = □ line.split('_')
13           □□□□ continue
14
15       □□ values □ = □ line.split('_')
16       □□ word □ = □ dict(zip(keys, □ values)) □ # □构建字典
17
18       □□ words.append(word) □ # □向单词表中添加单词
```

代码的第 2 行与程序 14-2 一样，表示使用 header 变量记录标题行是否已经处理。与程序 14-2 不同的是，本程序中不能跳过标题行信息，而是要将标题行中的信息用 split( ) 函数切分后，保存到 keys 变量中（第 12 行）。由于 n_utf8_jieba2.txt 文件的格式是"词汇 _ 词性"，"词汇"和"词性"之间的分隔符是下画线，所以使用 split('_') 来切分词汇和词性。这样 keys 变量就变成了一个包含 [' 词汇 ',' 词性 '] 信息的列表。

标题行以外的行也用 split( ) 函数切分，并赋值给 values 变量（第 15 行）。例如，n_utf8_jieba2.txt 的第 10 行数据是"端坐 _v"，将该行赋值给 values 后，此时的 values 是 [' 端

坐 ','v'] 这样一个列表。

现在形成 keys 和 values 两个列表，如何让 keys 列表中的 ' 词汇 ' 和 values 列表中的 ' 端坐 '，keys 列表中的 ' 词性 ' 和 values 列表中的 'v' 这样对应的数据构成字典的键和值呢？方法有很多，这里使用 zip( ) 函数和 dict( ) 函数来构建字典列表，如下所示。

```
□□ word □ = □ dict(zip(keys, □ values)) □ # □构建字典
```

zip( ) 函数的参数可以是 2 个列表，将 2 个列表中对应的元素组合成一个个元组，然后返回由这些元组组成的对象。因为将 2 个列表中对应的元素组合成元组，这就像拉拉链一样，把左边的一个扣和右边的一个扣组合起来，因此这种功能的函数被命名为 zip( ) 函数。下面使用交互式命令行的方式，确认一下 zip( ) 函数的基本操作。

```
>>>keys □ = □ ['spelling', □ 'pos']
>>>values □ = □ ['sky', □ 'noun']
>>>for □ pair □ in □ zip(keys, □ values):
... □□ print(pair)
...
('spelling', □ 'sky')
('pos', □ 'noun')
```

像 ('spelling', □'sky') 这样用括号括起来的数据叫作元组。元组数据和列表数据类似，都是线性表。关于元组和列表数据的异同点，感兴趣的读者可以查阅相关资料。

下面看第 16 行代码外层的 dict( ) 函数。dict 是 dictionary 的简写，dict( ) 函数顾名思义是创建并返回一个字典的函数。dict( ) 函数的参数如果是 zip( ) 函数的输出结果，即成对的元组数据的话，元组中的第 1 个数据是键，第 2 个数据是值。同样，下面使用交互式命令行确认 dict( ) 函数的基本操作。

```
>>>word □ = □ [('spelling', □ 'sky'), □ ('pos', □ 'noun')]
>>>dict(word)
{'spelling': □ 'sky', □ 'pos': □ 'noun'}
```

通过以上对 zip( ) 函数和 dict( ) 函数基本功能的确认可知，可以使用这两个函数将 keys 和 values 两个列表变量构建成字典。最后，将构建的字典添加到 words 这样一个列表中，就生成了一个由字典元素组成的列表，即字典列表。使用 for 循环将文件中的所有行都添加到 words 变量中后，即完成了读入数据并制作单词列表（第 8 ～ 18 行的代码都是 for 循环内部的代码）。

```
□□ words.append(word) □ # □向单词列表中添加单词
```

### 15.2.2　range( )函数

前一节制作完成了 words 列表，本节将介绍从该列表中检索关键词并输出前后语境的方法。假设想要检索的关键词是 "大地"，大致的框架如下所示。

```
target □ = □ ' 大地 '

for □ i □ in □ range(len(words)):
```

```
□□ #□如果找到关键词
□□ if□words[i]['词汇']□==□target:
□□□□构建前文语境
□□□□构建后文语境

□□□□输出前文语境、关键词、后文语境
```

在以上框架中，循环条件里面出现了一个新函数 range( )。range( ) 函数是用来创建数字列表的函数，多用于 for 循环。如下所示，range( ) 函数可以包含 3 个参数，开始数字start、结束数字 stop 和步长 step。开始数字 start 默认为 0，也可以改为其他数字。结束数字stop，不包含 stop 本身。例如，range(5) 是 [0, 1, 2, 3, 4] 没有 5 这一节点数字。步长 step 默认为 1，当然也可以自定义步长。例如，range(5) 相当于 range(0, 5)，也等价于 range(0, 5, 1)；range(10, 30, 5) 则表示"起点为 10，终点为 30（不含 30），步长为 5"的数字列表。

```
range(start, stop, step)
```

在使用 range( ) 函数之前，同样使用交互式命令行确认 range( ) 函数的基本操作。输入以下代码，并确认输出结果。代码中的 i 只是习惯中常用的变量名，也可以设置成其他变量名。

```
>>>for□i□in□range(5):
...□□print(i)
...
0
1
2
3
4
```

本框架中将 range( ) 函数与 len(words) 函数结合使用。len(words) 表示的是列表 words的长度，也就是文本中单词的个数（关于 len( ) 函数请参照第 4.5.2 小节和第 8.1.1 小节）。而 range(len(words)) 则表示，从 0 到文本最后一个单词的数字列表，也就是一个单词索引。

利用这个单词索引，在循环中使用 words[i] 就可以访问 words 单词列表中的第 i 个单词。因此，如果想要检索的关键词是"大地"，那么将"大地"赋值给 target 变量，只需要使用条件语句判断 words 中的第 i 个单词与 target 是否一致就可以实现检索功能了。具体代码如下。

```
target□=□'大地'
for□i□in□range(len(words)):

□□ #□如果找到关键词
□□ if□words[i]['词汇']□==□target:
```

如前一节介绍的那样，words 是一个字典列表。所以，访问第 i 个元素的词汇时，需要使用代码 words[i]['词汇']。验证该词汇是否与 target 一致即可。

当然，仅仅只是这一部分的话，也可不使用 range( ) 函数。用下面的代码也可以完成查找关键词的功能。

```
target □ = □ '大地'
for □ word □ in □ words:
□□ if □ word['词汇'] □ == □ target:
```

这里使用 range( ) 函数是因为知道单词索引后可以更方便地实现 KWIC 检索。例如，想输出 words[i] 前面的一个单词，可以通过使用 words[i-1] 轻松实现。下一节将介绍实现输出关键词前后语境的操作。

### 15.2.3 前后语境

使用 KWIC 检索输出前后语境时，需要考虑输出前后语境的范围。语境范围可以设定为前后 10 个词，也可以设定前后 20 个词或者 50 个词，本节以前后 10 词为例，讲解具体的实现方法。前后语境参数的设置方法如下。

```
context_width □ = □ 10
```

像设置前后语境参数这样的数字参数时，不要在程序内部的代码部分赋值。建议像上面那样，在程序的起始位置设置变量并赋值，在程序的内部代码部分使用变量名。因为这种方式更容易对程序进行修改。例如，语境范围从前后 10 个词更改为前后 50 个词时，上面这种方式只需要更改一个地方就可以实现。

下面，首先来思考如何输出检索关键词的前文语境。在输出前文语境时，假设 words[i] 是需要检索的关键词，将 words[i] 前面的 n 个单词连接并输出就可以实现了（n 表示语境范围，也就是 context_width）。words[i] 前面的第 n 个单词的编号是 i - n，也就是 i - context_width。所以输出范围可以用 range(i-context_width, i) 表示。

确定了输出语境的范围后，将这些词汇连接后输出即可。这里再定义一个字符串变量 left_context，用来保存前文语境。然后，将 range(i-context_width,i) 范围的每个词汇添加到 left_context 变量中即可。最后，使用 "+=" 符号将每个单词的原形添加到 left_context 变量里。具体的代码如下。

```
context_width □ = □ 10
for □ word □ in □ words:
□□ # □ 如果找到关键词
□□ if □ words[i]['词汇'] □ == □ target:
□□□□ # □ 构建前文语境
□□□□ left_context □ = □ ''
□□□□ for □ j □ in □ range(i-context_width, □ i):
□□□□□□ left_context □ += □ words[j]['词汇']
```

上面的代码其实存在一个问题。假设文本的第 1 个单词就是需要检索的关键词，那么 i-context_width 相当于 1-10=-9，范围溢出程序将会报错。所以，需要添加一个限制条件，即当 i-context_width 为负值时不向 left_context 中添加单词。这一条件可以用以下代码表示。

```
□□□□□□ if □ j □ < □ 0:
□□□□□□□□ continue
```

这样输出前文语境的代码块可以表示如下。

```
context_width □ = □ 10
for □ word □ in □ words:
□□ # □如果找到关键词
□□ if □ words[i]['词汇'] □ == □ target:
□□□□ # □构建前文语境
□□□□ left_context □ = □ ''
□□□□ for □ j □ in □ range(i-context_width, □ i):
□□□□□□ if □ j □ < □ 0:
□□□□□□□□ continue
□□□□□□ left_context □ += □ words[j]['词汇']
```

输出后文语境的方法与输出前文语境类似。后文语境的单词范围可以用 range (i+1, i+1+context_width) 来表示。同样，需要考虑到检索的关键词后面不足 context_width 个词汇的情况，也就是说检索关键词后的第 context_width 个词的编号大于文本中词汇的个数。具体可以参照以下代码。

```
□□□□ # □构建后文语境
□□□□ right_context □ = □ ''
□□□□ for □ j □ in □ range(i+1, □ i+1+context_width):
□□□□□□ if □ j □ >= □ len(words):
□□□□□□□□ continue
□□□□□□ right_context □ += □ words[j]['词汇']
```

至此就完成了输出前后语境的代码。最后，将前文语境、关键词、后文语境用制表符 tab 分隔后输出即可。输出结果复制后粘贴到 Excel 表格的话，就可以得到表 15.1 那样的 KWIC 形式的文档。实现这一功能，可以使用第 8.4.1 小节中介绍过的 join( ) 函数。具体代码如下所示。为了提高代码的可读性，将 join( ) 函数分为 4 行书写。最后用 print( ) 函数输出 output 变量中的内容，就实现了 KWIC 检索。

```
□□□□ # □输出
□□□□ output □ = □ '\t'.join([
□□□□□□□□□□ left_context,
□□□□□□□□□□ words[i]['词汇'],
□□□□□□□□□□ right_context])
□□□□ print(output)
```

## 15.2.4　KWIC 检索程序代码

将前几节的内容总结后，KWIC 检索程序的完整代码如下。

**程序 15-1**

```
1    # □ -*- □ coding: □ utf-8 □ -*-
2    # □ KWIC 检索程序
3
4    target □ = □ '大地'
5    context_width □ = □ 10
6
7    words □ = □ []
8    header □ = □ True
```

```
9
10   # □读入数据并制作单词列表
11   datafile □=□ open('n_utf8_jieba2.txt', □ encoding='utf-8')
12   for □ line □ in □ datafile:
13
14   □□ line □=□ line.rstrip()
15   □□
16   □□ if □ header:
17   □□□□ header □=□ False
18   □□□□ keys □=□ line.split('_')
19   □□□□ continue
20
21   □□ values □=□ line.split('_')
22   □□ word □=□ dict(zip(keys, □ values)) □#□构建字典
23
24   □□ words.append(word) □#□向单词列表中添加单词
25
26   #□检索
27   for □ i □ in □ range(len(words)):
28
29   □□ #□如果找到关键词
30   □□ if □ words[i]['词汇'] □==□ target:
31   □□□□
32   □□□□ #□构建前文语境
33   □□□□ left_context □=□ ''
34   □□□□ for □ j □ in □ range(i-context_width, □ i):
35   □□□□□□ if □ j □<□ 0:
36   □□□□□□□□ continue
37   □□□□□□ left_context □+=□ words[j]['词汇']
38
39   □□□□ #□构建后文语境
40   □□□□ right_context □=□ ''
41   □□□□ for □ j □ in □ range(i+1, □ i+1+context_width):
42   □□□□□□ if □ j □>=□ len(words):
43   □□□□□□□□ continue
44   □□□□□□ right_context □+=□ words[j]['词汇']
45
46   □□□□ #□输出
47   □□□□ output □=□ '\t'.join([
48   □□□□□□□□□□ left_context,
49   □□□□□□□□□□ words[i]['词汇'],
50   □□□□□□□□□□ right_context])
51   □□□□ print(output)
```

保存以上代码，用之前讲解过的方法运行该程序，验证是否可以得到图 15.1 所示的结果。

从检索结果可以看到，使用词性标注文件进行检索时，不会匹配"不大地道"和"关东大地震"这样的行，提高了检索精度。要完成这样高精度检索必须使用词性标注后的数据。

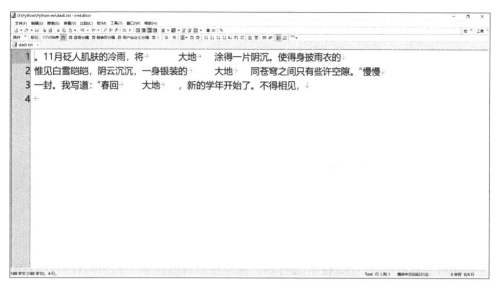

图 15.1　"大地"的 KWIC 检索结果

## 15.3　本章小结

本章介绍了使用词性标注后的文档实现 KWIC 检索的方法。

## 习题

1. 编写程序检索单词"漂亮"，并以 KWIC 形式输出。

2. 编写程序检索名动词"工作"，并以 KWIC 形式输出。在 jieba 的输出结果中，名动词的词性标记是"vn"。

# 词语搭配检索

本章将基于第 15 章 KWIC 检索的内容，挑战更高级的检索。利用词性标注后的文件，检索诸如"的"前名词和"的"后名词，即检索"名词＋的＋名词"等特定类型的词语搭配。本章收集了《挪威的森林（中译本）》第一章中"草的芬芳"和"水井的故事"等"名词＋的＋名词"的使用实例，基于该结果调查《挪威的森林（中译本）》第一章中"名词＋的＋名词"搭配的使用特点。

## 16.1 词语搭配检索程序

第 15 章介绍了读入词性标注后的文件，并输出关键词前后语境的程序。对该程序稍加修改，即可实现检索特定词语搭配的功能。因此，希望读者认真理解本书中介绍的程序，基于这些程序的基本原理加以应用，完成自己研究中需要实现的功能。言归正传，检索词语搭配的程序大致可以分为以下 3 步。

1）读入词性标注后的数据（n_utf8_jieba2.txt）。

2）从读入的数据中，找出符合特定条件的单词。

3）将符合条件的单词及其前后语境同时输出。

在以上步骤中，除了第 2）步稍微复杂一些以外，其他步骤基本与程序 15-1 类似。例如，想要检索"名词＋的＋名词"类型的搭配，并基于该结果调查《挪威的森林（中译本）》第一章中"名词＋的＋名词"搭配的使用特点。在这一课题中，步骤 1）与程序 15-1 相同。步骤 2）比程序 15-1 的内容复杂一些，因为需要用 Python 语句实现"的"前后都是名词这一条件的判断。步骤 3）需要简单修改程序 15-1，将"名词＋的＋名词"作为一个关键词输出。

下面思考"的"前后都是名词这一条件具体应该如何实现。通过观察词性标注后的文件可发现，检索对象具有以下特征。

1）要检索的单词 i 是"的"。

2）单词 i 前面的单词 j 是一个"名词"。

3）单词 i 后面的单词 k 也是一个"名词"。

在语料库中进行检索时，没有一成不变的方法，只有根据语料特征适当地调整现有的方法，争取做到检索范围超出检索关键词最小，检索杂质最少。如果检索范围小于检索关键词范围的话，可能没有检索杂质，但是此时是最危险的情况，因为肉眼确认时所有检索结果都是对的，而实际上却漏掉了很多例子。相反，如果想把检索关键词的所有情况都包含在检索范围内的话，检索结果中一定会出现大量的检索杂质。如何在检索范围和检索杂质两方面取得最佳的平衡点，需要通过观察语料尽可能多地列出检索对象的特征，然后根据实际情况对检索对象特征进行取舍。

由于上面的特征 2）和特征 3）相同，所以下面依次介绍特征 1）和特征 2）的 Python 代码。

首先，介绍特征 1）的实现方法。在特征 1）中，要限定单词的词汇为"的"。在第 15 章中介绍过，在字典列表中可以使用表达式 words[i]['词汇'] 获取单词的词汇信息。将单词的词汇限定为"的"的代码如下。

```
words[i]['词汇'] == '的'
```

其次，介绍特征 2）的实现方法。单词 i 前面的单词 j 可以用索引"i-1"表示，判断单词 j 的词性是否是"名词"，可以使用 startswith( ) 函数（请参考第 6.2.2 小节），具体代码如下。

```
words[i-1]['词性'].startswith('n')
```

需要注意的是，计算汉语词性标记集（12.1 节）中名词的标记有 n、nr（人名）、ns（地名）等，如果使用以下语句进行判断的话，将会漏掉 nr、ns 等标记的名词。

```
words[i-1]['词性'] == 'n'
```

此时，使用第 6.2.2 小节中介绍的 startswith( ) 函数，只要满足以 n 开头这一条件，结果就为 True，然后再进行下一步操作。

特征 3）与特征 2）相同。检索条件要同时满足这 3 个特征，因此各条件之间需要使用 and（且）连接每个特征的语句，整体构成 if 语句的条件判断（and 的用法在第 6.3.2 小节做过说明）。具体代码如下。

**注意**：下面的 if 语句是一行。

```
  # 如果符合检索条件
  if words[i-1]['词性'].startswith('n') and words[i]['词汇'] == '的' and words[i+1]['词性'].startswith('n'):
```

但是，上述代码存在一个问题。那就是当 words[i] 是文本的最后一个单词时，i+1 将大于文本的总长度，也就是说溢出造成程序报错。所以，添加条件让程序不判断文本的最后一个单词，修改后的代码如下。

```
  # 不判断文本的最后一个单词
  if i+1 >= len(words):
    continue
  # 如果符合检索条件
  if words[i-1]['词性'].startswith('n') and words[i]['词汇'] == '的' and words[i+1]['词性'].startswith('n'):
```

最后，输出"名词 + 的 + 名词"及其前后语境部分的代码，需要简单修改程序 15-1。

因为需要将"名词+的+名词"作为一个整体，然后用制表符分隔前后语境。所以，最后代码输出部分，需要将单词 i 以及单词 j 和单词 k 作为一个整体输出。具体代码如下。

```
        # 输出
        output = '\t'.join([
                left_context,
                words[i-1]['词汇']+words[i]['词汇']+words[i+1]['词汇'],
                right_context])
        print(output)
```

与此同时，相应地调整前后文语境，即前文语境不输出最后一个单词 j，而后文语境不输出第一个单词 k。

综上所述，修改后的完整代码如下。

**程序 16-1**

```
1   # -*- coding: utf-8 -*-
2   # 词语搭配的 KWIC 检索程序
3
4   context_width = 10
5
6   words = []
7   header = True
8
9   # 读入数据并制作单词列表
10  datafile = open('n_utf8_jieba2.txt', encoding='utf-8')
11  for line in datafile:
12
13      line = line.rstrip()
14
15      if header:
16          header = False
17          keys = line.split('_')
18          continue
19
20      values = line.split('_')
21      word = dict(zip(keys, values))  # 构建字典
22
23      words.append(word)  # 向单词列表中添加单词
24
25  # 检索
26  for i in range(len(words)):
27
28      # 不判断文本的最后一个单词
29      if i+1 >= len(words):
30          continue
31
32      # 如果符合检索条件
33      if words[i-1]['词性'].startswith('n') and words[i]['词汇'] == '的' and words[i+1]['词性'].startswith('n'):
34
```

```
35 □□□□ #□构建前文语境
36 □□□□ left_context □ = □ ''
37 □□□□ for □ j □ in □ range(i-context_width, □ i-1):#□输出终点单词 j（不包含单词 j）
38 □□□□□□ if □ j □ < □ 0:
39 □□□□□□□ continue
40 □□□□□□ left_context □ += □ words[j]['词汇']
41
42 □□□□ #□构建后文语境
43 □□□□ right_context □ = □ ''
44 □□□□ for □ j □ in □ range(i+2, □ i+1+context_width):#□从单词 k 后开始输出
45 □□□□□□ if □ j □ >= □ len(words):
46 □□□□□□□ continue
47 □□□□□□ right_context □ += □ words[j]['词汇']
48
49 □□□□ #□输出
50 □□□□ output □ = □ '\t'.join([
51 □□□□□□□□ left_context,
52 □□□□□□□□ words[i-1]['词汇']+words[i]['词汇']+words[i+1]['词汇'],
53 □□□□□□□□ right_context])
54 □□□□ print(output)
```

与第 15 章相同，将上述代码保存后使用命令提示符运行程序，得到如图 16.1 所示的结果则说明程序成功。

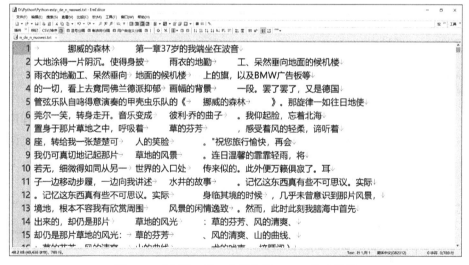

图 16.1　"名词＋的＋名词"的 KWIC 检索结果

图 16.1 只是《挪威的森林（中译本）》第一章中"名词＋的＋名词"结果的一部分，从这里可以粗略地看到"草的芬芳""草地的风景""草地的风光"等很多对自然风景描写的例子。通过这些例子，可以进一步研究《挪威的森林（中译本）》第一章的文本特征。

## 16.2　程序的改进

虽然用 16.1 节中介绍的程序可以进行词语搭配的检索，但是下面尝试对程序 16-1 进行

两种改进：第 1 种改进实现程序可以对多个文件进行批处理；第 2 种改进实现程序能够进行更复杂的检索。

## 16.2.1 批处理

在程序 16-1 中，以 n_utf8_jieba2.txt 文件为例，介绍了词语搭配程序的检索实例。但是在实际使用中，经常以多个文件为对象进行检索。

关于批处理的方法，在 10.2 节已经介绍过，现在需要将 10.2 节中批处理的方法与程序 16-1 相结合，编写词语搭配检索的批处理程序。

样本文件中包含一个名为 ch16 的文件夹，该文件夹下面有 n_utf8_jieba2.txt 和 nj_jieba2.txt 两个词性标注后的文件。本节编写的程序，将实现检索 ch16 文件夹下所有文本中的词语搭配。

首先，同第 10 章中讲解的一样，为获取文件夹中的文件一览表，需要导入 os 模块。然后，将检索对象文件夹名 ch16 赋值给 folder 变量。具体代码如下。

```
import os
folder = 'ch16'
```

其次，使用 os.listdir( ) 函数获取文件夹内文件的一览表，对每一个文件都执行一次程序 16-1 中的操作即可。程序的基本结构如下。

**注意：**程序 16-1 中的主要操作都嵌套在代码第 2 行 filename 的 for 循环里面。

```
filenames = os.listdir(folder)
for filename in filenames:
  header = True
  datafile = open(folder+'/'+filename, encoding='utf-8')
  执行程序 16-1 中的操作
```

这一部分的基本算法与第 10 章中介绍过的程序 10-5 相同。但是，在批处理程序中还需要再添加一个功能。到目前为止，KWIC 检索输出内容包括 3 个部分内容，即前文语境、关键词和后文语境。对于批处理程序来说，检索得到的例子出自哪个文件也是非常重要的信息之一，因此将程序的输出部分修改如下。

```
      # 输出
      output = '\t'.join([
            filename,
            left_context,
            words[i]['词汇'],
            right_context])
      print(output)
```

在输出时，首先输出当前处理文件的文件名，然后依次输出前文语境、关键词和后文语境，每部分内容用制表符 tab 分隔。在设置批处理时，当前处理文件的文件名保存在变量 filename 中，所以直接使用 filename 变量即可。

完整的程序如下。再次提醒各位读者，程序 16-1 中的主要操作都嵌套在 filename 的 for 循环里面，所以注意缩进，保证程序的层次结构。

**程序 16-2**

```
1    # -*- coding: utf-8 -*-
2    # 词语搭配的 KWIC 检索程序（批处理版本）
3
4    import os
5    folder = 'ch16'
6    context_width = 10
7
8    # 读入数据并制作单词列表
9    filenames = os.listdir(folder)
10   for filename in filenames:
11       words = []
12       header = True
13       datafile = open(folder+'/'+filename, encoding='utf-8')
14       for line in datafile:
15
16           line = line.rstrip()
17
18           if header:
19               header = False
20               keys = line.split('_')
21               continue
22
23           values = line.split('_')
24           word = dict(zip(keys, values)) # 构建字典
25
26           words.append(word) # 向单词列表中添加单词
27
28       # 检索
29       for i in range(len(words)):
30
31           # 不判断文本的最后一个单词
32           if i+1 >= len(words):
33               continue
34
35           # 如果符合检索条件
36           if words[i-1]['词性'].startswith('n') and words[i]['词汇'] == '的' and words[i+1]['词性'].startswith('n'):
37
38               # 构建前文语境
39               left_context = ''
40               for j in range(i-context_width, i-1):
41                   if j < 0:
42                       continue
43                   left_context += words[j]['词汇']
44
45               # 构建后文语境
46               right_context = ''
47               for j in range(i+2, i+1+context_width):
48                   if j >= len(words):
```

```
49  □□□□□□□□□□ continue
50  □□□□□□□□□ right_context □ += □ words[j]['词汇']
51
52  □□□□□□ # □输出
53  □□□□□□ output □ = □ '\t'.join([
54  □□□□□□□□□ filename,
55  □□□□□□□□□ left_context,
56  □□□□□□□□□ words[i-1]['词汇']+words[i]['词汇']+words[i+1]['词汇'],
57  □□□□□□□□□ right_context])
58  □□□□□□ print(output)
```

请注意代码第 9 行获取文件夹中文件一览表的方法，以及第 13 行文件夹位置的相对引用（建议读者复习一下 10.2 节中批处理的方法）。

将以上代码保存，并使用命令提示符运行程序 16-2，检验是否可以得到表 16.1 所示的结果。

表 16.1 "名词 + 的 + 名词"的批处理检索结果（部分）

| 文件名 | 前文语境 | 关键词 | 后文语境 |
|---|---|---|---|
| nj_jieba2.txt | 是以瑞典的著名化学家、硝化甘油 | 炸药的发明人 | 阿尔弗雷德·贝恩哈德·诺贝尔 |
| nj_jieba2.txt | 世界上在这六个领域对人类做出最 | 重大贡献的人 | 。截止至 2018 年，诺贝尔奖共授予 |
| （略） | （略） | （略） | （略） |
| n_jieba2.txt | | 挪威的森林 | 第一章 37 岁的我端坐在波音 747 |
| n_jieba2.txt | 向汉堡机场降落。11 月砭人 | 肌肤的冷雨 | ，将大地涂得一片阴沉。使得 |
| n_jieba2.txt | 将大地涂得一片阴沉。使得身披 | 雨衣的地 | 勤工、呆然垂向地面的候机楼上的 |
| （略） | （略） | （略） | （略） |

## 16.2.2　复杂匹配

下面再次基于本章最初介绍的程序 16-1 进行改进。程序 16-1 可以对单个文件进行词语搭配的检索，但是存在不足。其中之一是检索条件在代码的内部（第 33 行），这样不方便程序的修改。之前也讲解过，类似设定前后语境范围参数、设置检索条件这样的代码，最好放在程序的一开始，这样清晰明了也方便以后的修改。例如，如果能够像下面这样，用字典列表的形式设置检索条件的话，程序将变得更加清晰、易读，而且方便修改。

```
conditions □ = □ [
□□□□ {'position': □ 0, □ 'key': □ '词汇', □ 'value': □ '的'},
□□□□ {'position': □ -1, □ 'key': □ '词性', □ 'value': □ 'n'},
□□□□ {'position': □ 1, □ 'key': □ '词性', □ 'value': □ 'n'}]
```

上面代码中 position 后面的数字表示 KWIC 检索中心的相对位置，负值表示左侧，正值表示右侧，0 表示关键词本身。key 后面的内容表示限定什么条件，value 后面的内容表示如何限定。所以，第 2 行的代码表示限定的单词是关键词，其条件是限定词汇为"的"。而第 3 行代码 position 后面的数字是 -1，表示对关键词左侧第 1 个单词进行限定，具体条件是限定其词性为"n"。第 4 行表示对关键词右侧第 1 个单词进行限定，限定条件与第 3 行代码一致。

　　像上面这样在程序的开始部分设置 conditions 变量，让程序更容易应用到其他条件的检索，提高了程序的应用性。把程序中根据不同目的、不同要求需要修改的内容，放到程序开始部分设置的编程思想是非常重要的。

　　虽然在程序的开始部分设置检索条件时，检索条件代码清晰易懂，但是主程序部分该如何编写呢？首先假设只有一个检索条件时的情况。例如，现在只检索名词"中国"的话，检索条件用字典的方法表示如下。

```
condition = {'position': 0, 'key': '词汇', 'value': '中国'}
```

　　此时，主程序中判断某一数据是否与检索条件匹配时的 if 语句如下。

```
if words[i+condition['position']][condition['key']] == condition['value']:
```

　　上面的代码多层嵌套、错综复杂，比较难懂。但是如果将变量替换为具体值后，就变成了下面的代码。（下面的代码与程序 15-1 的第 30 行代码是一样的。）

```
if words[i+0]['词汇'] == '中国':
```

　　以上就是只有一个检索条件时，主程序中的实现方式。那么，像本节最初介绍的有多个检索条件的"名词＋的＋名词"的条件判断，主程序的代码该如何编写呢？由于不知道检索条件的数量，所以不能采用罗列检索条件的方法编写条件判断语句。在不知道具体数量时，需要使用 for 循环遍历所有检索条件并逐一检验。具体代码如下。

```
  # 是否满足所有限定条件
  matched = True
  for cond in conditions:
      if not words[i+cond['position']][cond['key']] == cond['value']:
          matched = False
          break
  # 如果匹配
  if matched:
```

　　在上面的代码中，新定义了一个 matched 变量，用来标记是否匹配。首先，将 matched 变量的值设置为 True。其次，逐一检验 conditions 中的条件，只要找到一个不符合的条件就将 matched 的值变为 False，并使用 break 跳出循环。回想一下检索"名词＋的＋名词"时，检索的关键词及前后单词的所有条件需要全部满足。因此，只要有一个条件不满足，就不是要检索的词汇。所以，只要找到一个不符合的条件，就没有必要检验其他的条件了。最后，将每一个具体数据是否匹配的结果保存在变量 matched 中，如果匹配则输出前文语境、关键词和后文语境即可。

　　至此，主程序中判断检索条件的代码就基本完成了。但是，该程序还存在两个问题：第 1 个问题是词性标注判断时的问题；第 2 个问题是检索词汇超出文本范围的问题。下面依次解决这两个问题。

　　首先，关于词性标注判断时的问题。在之前的讲解中也有涉及，例如，在判断关键词前后的词汇是否是"名词"时，检索条件中指定的内容是"{'position': 0, 'key': '词性', 'value': 'n'}"，但是文本中名词的词性标注可能是 n 或者 nr、ns 等。解决方法与程序 16-1 相同，使用 startswith() 函数进行判断。因此，判断检索条件的改进版代码如下。

```
  # 是否满足所有限定条件
  matched = True
  for cond in conditions:
    if cond['key'] == ['词性']:  # 词性判断
      if not words[i+cond['position']][cond['key']].startswith(cond['value']):
        matched = False
        break
    else:  # 词汇判断
      if not words[i+cond['position']][cond['key']] == cond['value']:
        matched = False
        break
  # 如果匹配
  if matched:
```

其次，关于检索词汇超出文本范围的问题。所谓超出文本范围的问题，就是说前文语境的第 1 个单词的索引小于文本的第 1 个单词的索引，或者后文语境的最后 1 个单词的索引大于文本中最后 1 个单词的索引。例如，关键词的索引是 5，输出语境范围是关键词前后 10 个词，那么前文语境的第 1 个词的索引小于 0；或者关键词的索引是 100，输出语境范围仍是关键词前后 10 个词，假如文本一共只有 108 个词，那么后文语境的最后 1 个单词的索引大于 108。

解决检索词汇超出文本范围问题时，定义了一个新的列表 positions 用来存储检索条件中的相对位置。每个检索条件的相对位置可以使用 append( ) 函数添加到 positions 列表，具体代码如下。

```
  positions = []
  for cond in conditions:
    positions.append(cond['position'])
```

然后，需要知道列表 positions 中前文语境第 1 个单词的索引和后文语境最后 1 个单词的索引。在介绍 positions 时讲过，负值表示前文语境，正值表示后文语境。因此，"前文语境第 1 个单词的索引和后文语境最后 1 个单词的索引"这一问题可以转化为求列表 positions 的最小值（相当于前文语境第 1 个单词的索引）和最大值（相当于后文语境最后 1 个单词的索引）问题。当然如果 positions 中只有正值，也就是只有后文语境的话，最小值不能表示前文语境，因此不会产生前文语境超出文本第 1 个单词的情况。同理，如果 positions 中只有负值的话，最大值也不能表示后文语境，此时后文语境也不会超出文本最后 1 个单词。所以，使用 positions 列表的最小值和最大值来判断是否超出文本范围问题的方法是可行的。

调查列表的最小值和最大值可以使用 min( ) 函数和 max( ) 函数。首先，使用命令行提示符验证这两个函数的基本操作，如下所示。

```
>>>numbers = [-50, 25, 10, 0, 100, 70, -200, 49]
>>>min(numbers)
-200
>>>max(numbers)
100
```

使用 min( ) 函数和 max( ) 函数得到的最小值或者最大值中有 1 个超出了文本范围则跳

过 KWIC 输出。像这样的"或关系"在 if 语句中用 or 表示，具体代码如下。

```
    □□if □i □+ □min(positions) □<□0 □or □len(words) □-□1 □<□i □+□max
(positions):
    □□□□continue
```

　　将本节复杂匹配的所有内容总结为下面的程序 16-3。检索条件在程序的开始，既清晰明了，又方便应用于其他检索条件。希望读者认真学透本章介绍的程序 16-2 和程序 16-3 并能应用到自己的研究中。

**程序 16-3**

```
 1  #□-*-□coding:□utf-8□-*-
 2  #□词语搭配的 KWIC 检索程序（检索条件改进版）
 3
 4  conditions □=□[
 5  □□□□{'position':□0, □'key':□'词汇', □'value':□'的'},
 6  □□□□{'position':□-1, □'key':□'词性', □'value':□'n'},
 7  □□□□{'position':□1, □'key':□'词性', □'value':□'n'}]
 8
 9  context_width □=□10
10
11  words □=□[]
12  header □=□True
13
14  #□读入数据并制作单词列表
15  datafile □=□open('n_utf8_jieba2.txt', □encoding='utf-8')
16  for □line □in □datafile:
17
18      □□line □=□line.rstrip()
19      □□
20      □□if □header:
21      □□□□header □=□False
22      □□□□keys □=□line.split('_')
23      □□□□continue
24
25      □□values □=□line.split('_')
26      □□word □=□dict(zip(keys, □values)) □#□构建字典
27
28      □□words.append(word) □#□向单词列表中添加单词
29
30  #□检索
31  for □i □in □range(len(words)):
32
33      □□#□检索内容超出文本范围时，即前文语境小于第一个单词的索引，或者后文语境超出最后一个单词则跳过
34      □□positions □=□[]
35      □□for □cond □in □conditions:
36      □□□□positions.append(cond['position'])
37      □□if □i □+□min(positions) □<□0 □or □len(words) □-□1 □<□i □+□max
(positions):
```

```
38  □□□□ continue
39
40  □□ # □是否满足所有限定条件
41  □□ matched □ = □ True
42  □□ for □ cond □ in □ conditions:
43  □□□□ if □ cond['key'] □ == □ ['词性']:□□ # 词性判断
44  □□□□□□ if □ not □ words[i+cond['position']][cond['key']].startswith(cond['value']):
45  □□□□□□□□ matched □ = □ False
46  □□□□□□□□ break
47  □□□□ else:□□ # 词汇判断
48  □□□□□□ if □ not □ words[i+cond['position']][cond['key']] □ == □ cond['value']:
49  □□□□□□□□ matched □ = □ False
50  □□□□□□□□ break □
51
52  □□ # □如果匹配
53  □□ if □ matched:
54  □□□□
55  □□□□ # □构建前文语境
56  □□□□ left_context □ = □ ''
57  □□□□ for □ j □ in □ range(i-context_width, □ i-1):
58  □□□□□□ if □ j □ < □ 0:
59  □□□□□□□□ continue
60  □□□□□□ left_context □ += □ words[j]['词汇']
61
62  □□□□ # □构建后文语境
63  □□□□ right_context □ = □ ''
64  □□□□ for □ j □ in □ range(i+2, □ i+1+context_width):
65  □□□□□□ if □ j □ >= □ len(words):
66  □□□□□□□□ continue
67  □□□□□□ right_context □ += □ words[j]['词汇']
68
69  □□□□ # □输出
70  □□□□ output □ = □ '\t'.join([
71  □□□□□□□□□□ left_context,
72  □□□□□□□□□□ words[i-1]['词汇']+words[i]['词汇']+words[i+1]['词汇'],
73  □□□□□□□□□□ right_context])
74  □□□□ print(output)
```

## 16.3　程序的拓展

本节介绍程序 16-3 的拓展应用。程序 16-3 开始部分设置了两个变量，分别是前后语境范围变量 context_width 和检索条件变量 conditions。这两个变量都可以根据实际的研究目的进行更改。

### 16.3.1　语境范围

首先，尝试扩大关键词的前后语境范围。在词语搭配研究中，经常需要通过前后语境确认关键词的共起词。有时候共起词不一定会出现在关键词的前后 10 个词范围内，所以需要根据研究目的调整前后语境的范围。如第 15.2.3 小节说明的那样，前后文语境的范围用变量 context_width 表示。因此，只需要修改 context_width 变量就可以调节前后语境的范围。

在程序 16-3 的第 9 行中，用下面的代码表示输出关键词前后 10 个词范围的语境。如果想输出关键词前后 50 个词范围的语境，只需要将 10 修改为 50 即可。

```
context_width □ = □ 10
```

### 16.3.2　检索条件

接下来，介绍检索其他词语搭配的方法。检索其他词语搭配时，根据检索内容修改检索条件变量 conditions 的内容。例如，检索"形容词＋的＋名词"时，需要将程序 16-3 的第 6 行的词性改为"a"。这样，就可以实现"形容词＋的＋名词"的检索，具体检索条件如下。

```
conditions □ = □ [
□□□□ {'position': □ 0, □ 'key': □ ' 词汇 ', 'value': □ ' 的 '},
□□□□ {'position': □ -1, □ 'key': □ ' 词性 ', □ 'value': □ 'a'},
□□□□ {'position': □ 1, □ 'key': □ ' 词性 ', □ 'value': □ 'n'}]
```

也可以对更多的词汇进行限定。例如，16.1 节中以《挪威的森林（中译本）》第一章为对象，检索"名词＋的＋名词"发现"草＋的＋芬芳"和"草地＋的＋风景"的例子很多。现在想进一步分析，这些"名词＋的＋名词"前面经常搭配的动词是什么，可以将检索条件修改如下。

```
conditions □ = □ [
□□□□ {'position': □ -1, □ 'key': □ ' 词性 ', □ 'value': □ 'v'},
□□□□ {'position': □ 0, □ 'key': □ ' 词性 ', □ 'value': □ 'n'},
□□□□ {'position': □ 1, □ 'key': □ ' 词汇 ', □ 'value': □ ' 的 '},
□□□□ {'position': □ 2, □ 'key': □ ' 词性 ', □ 'value': □ 'n'}]
```

## 16.4　本章小结

本章将 KWIC 检索程序应用到词语搭配的检索中，并基于简单的词语搭配程序进行改进，使词语搭配的 KWIC 检索程序可以应用于文件的批处理。最后，通过修改检索条件提高了 KWIC 检索程序的通用性。

## 习题

1. 调查《挪威的森林（中译本）》第一章"我们"后面出现词语的频度。
2. 尝试编写程序，输出符合任意一个检索条件的数据。例如，同时输出"名词＋的＋名词"和"形容词＋的＋名词"的数据。
3. 将程序 16-3 修改为可以进行批处理的程序。

# 参 考 文 献

[1] 马瑟斯．Python 编程从入门到实践 [M]．袁国忠，译．北京：人民邮电出版社，2016.

[2] 弗里德尔．精通正则表达式：第 3 版 [M]．余晟，译．北京：电子工业出版社，2012.

[3] LUTZ M．Learning Python [M]．5th ed．Sebastopol: O'Reilly, 2013.

[4] 伯德，克莱因，洛佩尔．Python 自然语言处理 [M]．陈涛，张旭，崔杨，等译．北京：人民邮电出版社，2014.